これで守れる 都市農業・農地

生産緑地と相続税猶予 制度変更のポイント

北沢俊春・本木賢太郎・松澤龍人 編著

農文協

まえがき

２０２２年に、多くの都市農業者は、農地を残していくのか、いかないのかの選択を迫られます。全国の生産緑地の約８割が更新を迎え、農地から他の用途に使用することが可能になる状況になるからです。この「２０２２年問題」によって、都市農業はまさに大きな岐路に立たされているといえます。

一方、人口減少社会に転じ、都市農業・農地の政策的・制度的位置づけは大きく転換しました。かつて都市農地は、いずれ宅地などに転用すべきものとみなされていたのですが、今では「都市のなかに残すべきもの」として明確に位置づけられました。これに伴う関係制度の改正により、これまで現実的に難しかった生産緑地の貸借や市民農園の開設が可能となりました。従来は考えもつかなかった生産緑地を借りて新規就農する若者まで誕生しています。

このような制度の変更も活かしつつ、都市農地をどのようにして残していくのか、都市農業者はもとより、農地の保全に関わってきた人たちすべてが問われています。

本書では、生産緑地や相続税納税猶予制度を中心に、都市農地と相続税・固定資産税をめぐる最近の制度変更のポイントをわかりやすく解説し、相続をめぐるシミュレーションも具体的に示しました（第２章、第５章）。

また、こうした都市農地制度の最近の変化だけでなく、１９６０年代から今日まで都市農業・農地がどのような道を歩んできたのか、制度の変遷とあわせて紹介し、都市農業の持つ価値についても詳述しています（第１章、第３章、第４章）。都市農業・農地制度を理解するためのバックグラウンドとして、あわせてお読みいただければと思います。

2015年4月7日に、都市農業・農地の潮目を変えたといわれる都市農業振興基本法案が、参議院農林水産委員会において全会一致で採決されました。筆者はその時に幸運にもその場に立ち会うことができ、忘れ得ぬ1日となりました。

都市農地は、昭和から平成にかけてのバブル経済の際には、急激な地価の上昇を受け、速やかに宅地化すべきものとして、激しい批判にさらされたものでした。しかし、今では緑と空間がもたらす「癒やしと安全なまちづくり」が求められる時代となり、次第に農地と農業のあるまちが評価されつつあります。

「2022年問題」にあたってもその後も、本書が都市農業・農地が生き残り、発展していく一助となり、その地に住む方々が、心の底から「農のあるまちに住んでよかった」と思える住環境づくりにつながるならば、執筆者一同、望外の喜びです。

執筆者を代表して　北沢　俊春

目次

第2章　変わる都市農地制度

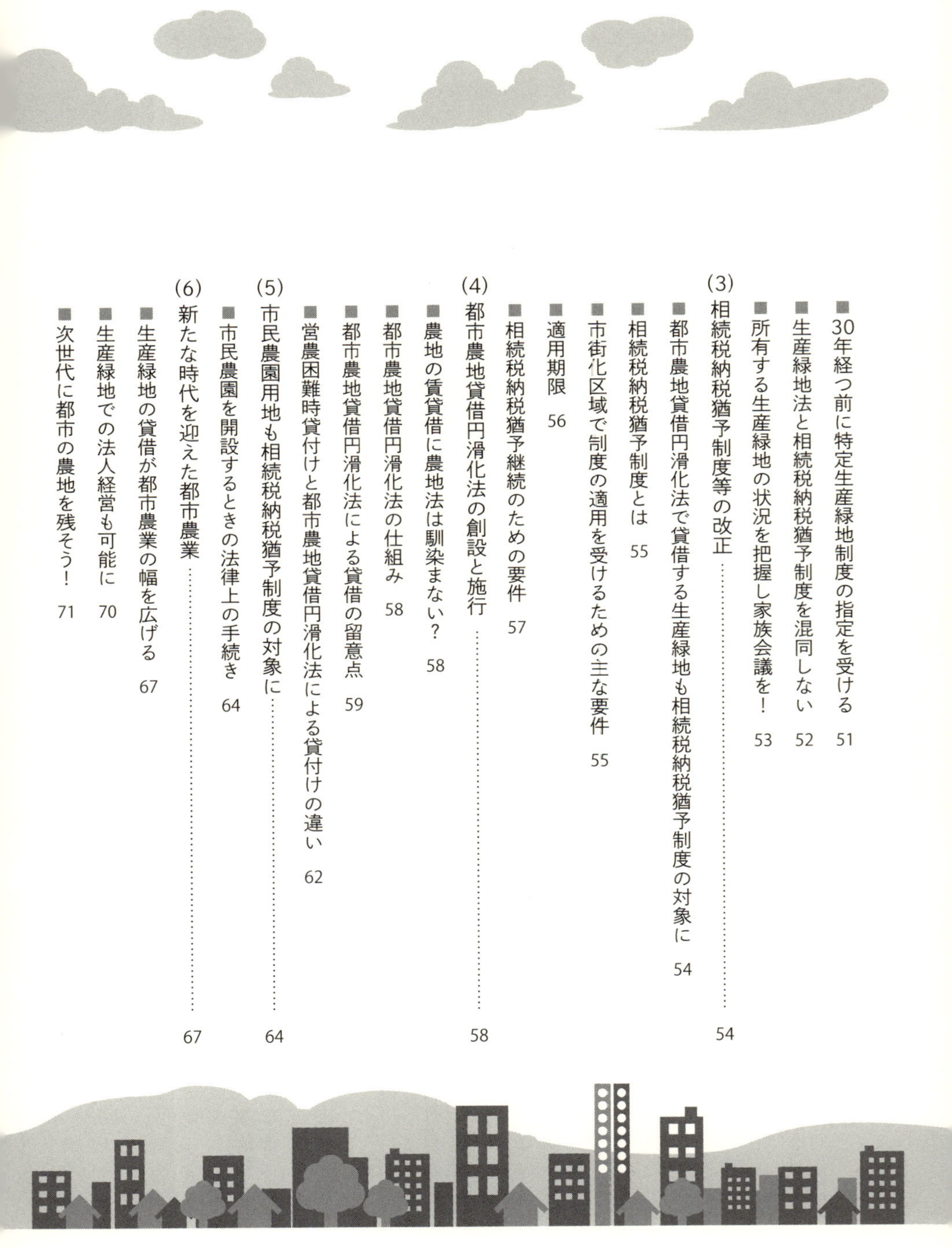

第5章　相続のシミュレーション

市街化区域内農地をめぐる攻防

第1章では、最近の都市農地制度の変化についてみる前に、日本経済とのかかわりで都市の農地をめぐる状況がどのように変化し、都市の農地を守るためにどのようなせめぎ合いがあったかを、1960年代から時代を追って振り返ってみます。このような背景を知ることで、第2章で扱う最近の都市農地制度の変化の持つ意味も、より深く理解できるはずです。

1 新都市計画法制定をめぐる攻防——1960年代

(1) 都市の膨張と農地のスプロール化

1960年に池田勇人首相（当時）は国民所得倍増計画を発表し、国民の生活水準を西欧先進国並みに到達させるという、経済成長目標を打ち出しました。この計画を達成することによって、1960年代を通して経済成長率は年率10%台を維持し、1968年にはアメリカに次ぐ自由世界第2位の国民総生産をあげるに至りました。それに伴い、工業地帯を抱える大都市周辺の人口が急増しました。

その一方で、生産性の向上を謳った農業基本法が1961年に成立し、農業近代化政策により余剰となった農村の農家の次男・三男等の労働力が、東京、大阪などの大都市圏へ流失しました。大都市では都市計画の進行を遥かに超えるスピードで人口が膨張し、無秩序な土地利用が進行し、農地の虫食い的転用いわゆるスプロール化が進みました。

以後、都市農業と都市農地の半世紀にわたる岐路となった、新都市計画法成立前後から、一般社団法人東京都農業会議（以後、東京都農業会議）の活動史を見ながら、東京を中心とした都市農業がどのように確立されていったかを整理していきます（表1—1）。

(2) 農業委員会系統組織による対策協議会が発足

まず、都市農政対策等を目的とした全国農業委員会農政対策協議会が、1963年12月に東京都、神奈川県、千葉県、埼玉県、静岡県、愛知県、京都府、大阪府、兵庫県の9都府県の農業会議により設立されました。

表1－1　都市農地制度をめぐる主な動き

〈1960年代〉	
1961年	農業基本法成立
1969年	新都市計画法施行。市街化区域と市街化調整区域を区分
〈1970年代〉	
1970年	税制大綱にて、市街化区域の宅地並み課税を決定
1972年	都市農業確立・農地の宅地並み課税阻止全国農協・農委代表者大会
1974年	生産緑地法が成立・施行
1975年	税制改正により、相続税納税猶予制度を創設
〈1980年代〉	
1981年	長期営農継続農地制度が発足（1992年廃止）
1985年	この頃「地上げ」と呼ばれる土地投機が社会問題化
1986年	前川レポートが内需主導型経済成長策を提言
〈1990年代〉	
1991年	生産緑地法改正。市街化区域の農地は生産緑地か宅地化農地のいずれかに区分
1998年	日野市農業基本条例施行。全国初の市町村の都市農業条例
1999年	食料・農業・農村基本法制定。都市農業への施策をはじめて明記
〈2000年以降〉	
2000年	東京都が緑の東京計画策定
2005年	新たな食料・農業・農村基本計画策定。都市農業は都市住民のニーズに応える
2011年	農の風景育成地区制度施行（東京都）

同協議会は、1965年8月に「都市農政確立に関する要望」をまとめ、このなかで、都市農業を生鮮食料の供給地及び近代的都市形成における生産緑地等として位置づけ、この育成のため、①自立経営として伸びようとする農業者個人を対象とした施策の集中や、②相続税における農地の評価の適正化などを提唱しました。

一方、建設大臣の諮問機関である宅地審議会は、1967年3月に「無秩序な市街地の拡大を防止し、望ましい都市形成を実現するため、都市地域における土地利用の合理化のための方策を早急に確立すべきである」として、市街化区域と市街化調整区域の土地利用区分と開発許可制度の創設などを内容とした「都市地域における土地利用の合理化を図るための対策に関する答申」を行ないました。

建設省は、この答申に基づき新都市計画法案を作成しました。

同法案は、

①都市計画区域においては向こう10年間に優先的に市街化を図るべき市街化区域と市街化を抑制する市街化調整区域に区分（線引き）する。

②開発許可制度を創設し、市街化区域での開発規制は大幅に緩和する反面、市街化調整区域では原則として開発を許可しない。

③市街化区域の農地転用は農地法の許可を必要としない。

などを骨子としたもので、いわば都市化を進める側の一方的な「領土宣言」ともいえるものでした。

これに対し農林水産省は、逆に都市地域以外の農地を確保するという考え方に立って、農業振興地域の整備に関する法律を提案しました。そして、新都市計画法が1968年に成立し、翌年6月14日に施行されました。

これにより、以降、市街化区域は国の農業施策等の対象から外されるという大きな問題を残すことになりました。

2 宅地並み課税反対運動と生産緑地法の成立

(1) 宅地並み課税反対運動——1970年代

■政府 宅地並み課税の方針に

1970年に佐藤栄作首相（当時）は、市街化区域に編入された農地に対する固定資産税、都市計画税の宅地並み課税の検討を閣議で指示しました。そして、地価対策閣僚協議会は、同年8月「地価対策について」の方針をまとめ、「市街化区域内の農地の固定資産税、都市計画税については農地と近傍宅地との課税の均衡を考慮し土地保有税の適正化を図る」ことを決定しました。

その背景には、宅地需要の激増、地価の高騰、近傍宅地との税負担の公平化、都市財源の充実などがありました。

しかし、この決定は、新都市計画法案の際の審議における、保利茂建設大臣（当時）の言明や衆参両院の建設委員会における「市街化区域内の農地については、固定資産税等において過重な税負担をきたさないよう適切な措置を講ずること」という付帯決議の主旨に反するものでした。

これに対して全国農業会議所は、「都市と農村の地域区分は必要であるとしても、施策まで画然と分離することには矛盾がある。都市地域（市街化区域）における農業は、その消滅を期待するのではなく、より積極的に都市における生産緑地として位置づけ、必要な施策を実施すべきだ」と進言しました。そして、市街化区域農地の農地としての適正課税と都市における緑地機能の保全と農業生産・災害時等の空地確保の機能をあわせ持つ「生産緑地」制度の確立、生産緑地は農地並み課税とすることを求め、その実現のための運動を展開しました。

しかし、政府・与党の宅地並み課税実施への意向は強く、１９７０年12月に決定された税制改正大綱において宅地並み課税の強行を決定しました。

この大綱の概要は表１－２のとおりでした。

表１－２　1970年12月の税制改正大綱の宅地並み課税の概要

①市街化区域農地については、類似する宅地の価格に比準する価格から造成費に相当する額を控除した額をもって評価する。

②1972年1月1日に所在する市街化区域農地について3.3m²当たりの新評価（以下単位評価額という）を基準として次の３つに区分する。

〈A農地〉
単位評価額が当該市町村の市街化区域の宅地の平均価格以上であるか、または単位評価額が５万円以上の農地

〈B農地〉
同宅地の平均価格の２分の1、平均価格未満の農地

〈C農地〉
同宅地の平均価格の２分の１未満であるか、または単位価額が１万円未満の農地

③市街化区域農地の各年度分の固定資産税額についてはA農地は1971年度、Bは1972年度、C農地は1975年度まで従来の税額を据え置き、その後、次の負担軽減措置を講じて宅地並み課税とする。

年度	1971	1972	1973	1974	1975	1976	1977	1978	1979	1980
A農地	—	0.2	0.6	1.0						
B農地	—	—	0.2	0.6	1.0					
C農地	—	—	—	—	—	0.2	0.4	0.6	0.8	1.0

■全国に広がった宅地並み課税反対の動き

この動きに対し、農業委員会系統組織は、「生産緑地」構想の実現に向けて働きかけを行ないました。この結果1971年12月に、建設省は「生産緑地」について、次のような取扱い方針（案）を決定しました。

①一切の建築行為を禁止する。

②都市計画に基づく公園、緑地、墓園の予定地に生産緑地を限定する。

③おおむね2ha以上の集団農地であること。など

しかし、この内容が極めて厳しい枠組みであったため、農家にとってほとんど魅力のないものになってしまいました。

また、線引きの進行とともに、地方税法改正に伴う税条例の改正案が市町村議会に提出されはじめると、大都市をかかえる都府県において、税制の取扱いに対しての活発な反対運動が起こりはじめました。この宅地並み課税反対の声は瞬く間に広がり、市町村条例改正阻止運動などが各地で展開されました。

この動きのなかで、それまで市街化区域の農地の課税問題については、農業委員会系統と農協系統はそれぞれ個々に運動を進めてきましたが、市町村段階、都道府県段階において次第に統一運動に発展していきます。

こうした情勢を受けて1972年2月に「都市農業確立・農地の宅地並み課税反対・新都市計画法改正全国農協・農委代表者大会」が2300人の代表を集めて開かれました。この大会以後、宅地並み課税反対の運動は本格化し、市町村段階、都道府県段階、全国段階と広範な運動が精力的にくりひろげられました。

これら活発な運動は自民党の税制調査会に届き、与党に市街化区域農地に係る固定資産税小委員会が設置されたほか、有志議員による市街化農地対策議員連盟が設置されるなど宅地並み課税の延期等の意見が出はじめました。これにより、1972年に、現に耕作の用に供されているA農地の宅地並み課税についてはいったん回避されることとなりました。

■三大都市圏182区市の宅地並み課税を強行

政府は、1973年度以降の取扱いについて対処するため、自治大臣の私的諮問機関である「市街化区域内

の農地の固定資産税に関する研究会」を設置しました。

農業委員会系統組織は、「農地として耕作の用に供しているものについては農地課税として評価すること」を原則として、

①今後とも農家から相当期間農地として利用することの申出があり、市町村長が認めたものについては農地課税とする（登録農地の設定）。

②一定規模以上の集団的登録農地で知事が生産緑地として指定した地域については必要な農業施策を実施する。

③制度が確立するまでは農地課税とする。

との主張を行ないました。

同研究会では、宅地並み課税推進派と阻止派の意見が対立したこともあり、政府は１９７３年2月に、２案の参考報告を自治大臣に提出しました。

農業団体の統一運動としては、１９７３年1月、日比谷野外音楽堂において、全国農業会議所と全中の共催による「都市農業確立・農地の宅地並み課税阻止全国農協・農委代表者大会」が、全国から約５０００人が参集して開かれました。このなかで「市街化区域内農地のA、B、C区分を廃し、現に農業の用に供している農地については、これを登録農地とし、固定資産税・都市計画税は農地として評価課税すること」との決議を行ないました。

この内容に対し、首相は「宅地供給の促進という時代の要請に逆行するものである」と拒否の姿勢を示しました。さらに、宅地並み課税の強行と同時に農地の宅地化促進に係る法律案の早期提出を指示し、

①三大都市圏の市制施行区域及び東京特別区A、B農地に対して、A農地は１９７３年度から、B農地は１９７４年度から、それぞれ4年間で宅地並み課税を段階的に実施する。

②その他の市街化区域内農地（C農地）については課税を据え置き、１９７５年度末までに取扱いを決める。

という内容の地方税法一部改正案が提出されました。

この法案は１９７３年4月衆・参議院本会議で可決・成立し、三大都市圏１８２区市（東京特別区を含む）のA、B農地に対して宅地並み課税が実施されることになりました。

表1－3　東京都内の生産緑地指定状況
（1974年制度発足当初）

区市名	件数（件）	面積（ha）
世田谷区	18	9.16
杉並区	37	14.59
練馬区	33	10.48
区部小計	88	34.23
青梅市	71	30.07
町田市	85	34.88
立川市	1	0.21
三鷹市	1	0.82
調布市	3	1.06
小金井市	5	2.37
小平市	13	8.09
東村山市	11	12.85
国分寺市	11	9.91
国立市	5	7.53
保谷市	27	18.81
田無市	5	6.04
狛江市	14	4.85
東大和市	37	25.46
東久留米市	80	101.04
市部小計	179	77.50
都合計	267	111.73

出典：東京都農業会議調べ

■生産緑地制度の創設へ

その後、１９７３年度に入って、政府・国会等で生産緑地の制度化に対する気運が急速に高まりました。農業委員会系統組織では１９７３年10月に「生産緑地の考え方骨子」をまとめ、建設省に働きかけを行ないました。

このような動きを受けて、建設省は、生産緑地法案を作成し、１９７４年２月12日に閣議決定がされました。骨子は次のようなものです。

①第１種生産緑地は、おおむね１ha以上の区域で良好な生活環境の確保に相当の効用があり、かつ公共施設等の敷地の用に供する土地に適しているものとする。

同地区は、指定から10年経過後に買取請求権が発生し、市町村等が買わない場合は開発を自由とする。

②第２種生産緑地は、おおむね０・３ha以上の区域で、土地区画整理事業及び開発行為が完了した区域面積のおおむね30％以内とする。

同地区は、指定から５年経過後買取請求権が発生し、10年経過後失効する。

③生産緑地は、市町村が土地関係権利者の同意を得て、知事の承認を得て決定する。

④指定期間中は開発行為を厳格に規制する。

⑤固定資産税等は農地評価、農地課税とする。

その後、１９７４年５月衆議院建設委員会で、第２種生産緑地の面積要件をおおむね０・２ha以上に引き下げ、市町村長による買取りは「時価」によるものとの修正がされ、生産緑地法は１９７４年５月27目の参議院本会議で可決成立し、１９７４年８月31日に施行されました（表１―３）。

表１－４　長期営農継続農地認定状況
（三大都市圏都府県別、1981年）

都府県名	市区数	対象面積〈a〉	認定面積〈b〉	
			面積（ha）	認定率*（％）
茨城県	4	162	109	67
埼玉県	35	9,704	7,710	79
千葉県	19	4,016	2,844	71
東京都	37	8,683	7,761	89
神奈川県	19	7,715	6,584	85
首都圏小計	114	30,280	25,008	83
愛知県	26	4,620	3,984	86
三重県	2	100	85	85
中部圏小計	28	4,720	4,069	86
京都府	7	1,275	1,122	88
大阪府	31	4,236	3,711	88
兵庫県	8	1,470	1,327	90
奈良県	9	627	533	85
近畿圏小計	55	7,608	6,693	88
合計	197	42,608	35,770	84

出典：東京都農業会議調べ
注：*認定率は〈b〉/〈a〉

（2）バブル時代――１９８０年代

■長期営農継続農地制度の成立と施行

生産緑地法は創設されたものの、農家の感覚にそぐわず、あまり指定が進みませんでした。そのため宅地並み課税問題の根本的解決は、依然、なされていないという認識が都市農業者の間で広がっていました。

そのようななか、東京都都市農政推進協議会による１００万人署名などの運動が進められ、１９８１年に長期営農継続農地制度（＊）が発足し（表１―４）、〝実質的な農地課税〟への道が開かれたことで、ついに20年来の運動に終止符が打たれたのです。

＊長期営農継続農地制度……面積が９９０m²以上で、10年間営農を継続することが適当と認められた市街化区域農地に対し、固定資産税の宅地並み課税を猶予する制度。営農が継続できなくなると、原則として微

収猶予課税額のすべてをさかのぼって納付する。5年ごとに営農継続の事実を確認したにもかかわらず、「偽装農地」の名のもと、不公平税制との批判を受けて1992年度に廃止された。

■相続税納税猶予制度の創設

1970年代、都市近郊における地価の高騰により、固定資産税のみならず相続税自体が農家にとって大きな負担となっており、相続税納付のために農地を手放し、経営を縮小せざるを得ない事態が増加していました。

そこで、1975年の税制改正により、相続税の納税猶予制度が創設されました。

すでに農地の継承をめぐっては、1963年の税制改正により、農地等を生前一括贈与した場合の特例として、「農地等を贈与した場合の贈与税の納期限の特例」（贈与税納税猶予制度）が創設されていました。

この制度が農地の細分化を防ぐための法整備だったのに対して、相続税納税猶予制度は地価の高い都市の農地が相続後も守られるように配慮されたものです。

すなわち、農業相続人が被相続人から相続等により取得した農地等で引き続き農業経営を行なう場合は、農地等の価額のうち「農業投資価格」を超える部分に相当する相続税の納税を猶予し、20年間農業を継続した場合には、猶予税額の納付を免除するというものです。

当時の都市農業者にとってのこの制度は、「親父がもう少し生きていてくれたら、もっと農地が残せたのに」あるいは「親父がこの年まで生きてくれたおかげで、今の農地がある」といわれるほど、存在価値の大きい重要な制度となりました。

■市街化区域内農地への圧力

さて、1981年末に長期営農継続農地制度が施行され、宅地並み課税が最終決着したにもかかわらず、すぐにバブル経済が到来しました。1985年頃から、都心部の地価が暴騰し「地上げ」といわれた土地投機が新たな社会問題となりました。

「都市のなかの農地がなくなれば住宅が購入できる」といった市街化区域農地に対するいわれなき批判が、財界、一部評論家、マスコミなどから強まりました。

同時期、日米貿易摩擦解消のための今後の経済社会の構造と施策のあり方の検討を、時の中曽根康弘首相から要請された「国際協調のための経済構造調整研究会」は、1986年4月報告で内需主導型の経済成長を図る政策を提案しました（前川レポート）。さらに1987年の臨時行政改革推進審議会（新行革審）においても、土地対策について宅地供給促進、不公平税制是正の観点から長期営農継続農地制度の見直しが提案されました。

同年政府は「緊急土地対策要綱」を閣議決定し、東京圏を中心とする地価の異常高騰に対する当面の対策が打ち出され、投機的土地取引の規制、長期営農継続農地制度については、厳正な運用が強調されました。

また、自治省からは「長期営農継続農地に係る納税義務の免除制度の運用に際しての留意事項について」等の通達が発出されました。

同年末には、与党のなかからも「市街化区域農地の固定資産税、相続税納税猶予制度の廃止」が要望されるなど、市街化区域農地の制度見直しの検討が再スタートしたのです。

■土地税制改革に向けた動き

建設省は、1989年、大都市地域の住宅・宅地供給促進対策について「三大都市圏の特定市街化区域の農地について、生産緑地法を改正し、保全する農地と宅地化する農地とに1991年中に区分し、宅地化する農地については従来の固定資産税と相続税の特例措置を廃止する」との方針を示しました。

これに対し、農業委員会系統ならびに農協系統は、長期営農継続農地制度等を堅持し、市街化区域農地を積極的に保全・活用して、「農業のあるまちづくり」を進めるべきだと訴えました。

同時期開かれた日米構造協議においても長期営農継続農地制度の廃止が話題となり、日本は米国から大都市圏の市街化区域農地については「宅地並み課税」として、住宅・宅地供給を促進し、内需拡大をすべきであると迫られました。

こうした情勢を受け、1989年12月に公表された平成2年度税制改正において、市街化区域農地の課税特例は見直すべき旨の答申が出され、大都市地域の市街化区域農地に関する税制については1991年度から見直しが実施される見込みが強まりました。

(3) バブル崩壊──1990年代

■長期営農継続農地制度の廃止と生産緑地法と相続税納税猶予制度の改正

これらの経緯から、1991（平成3）年の第120回国会において、生産緑地法の一部改正が成立し、9月10日より施行されることとなりました。

これに伴い、長期営農継続農地制度は、1991年末限りで廃止され、都市農業者は1992年に所有農地を生産緑地に指定するかしないかの選択を迫られることになりました。

当初、建設省は、生産緑地の指定作業を、1992年末限りで打ち切るとの方針を示しました。しかし、農業委員会系統組織の要望等の結果、1993年1月27日の建設省都市局長通達である「生産緑地法の運用について」のなかで、1993年以降の生産緑地の追加指定については、それぞれの自治体の判断にゆだねられることになりました。

1992年の生産緑地の申請については、施行日から公示日までがほぼ1年間しかなく、この間、市町村の担当の行政職員は、生産緑地といわゆる宅地化農地との相違などの説明や事務的な指定手続きについて相当なエネルギーを費やしました。同時に、農地所有者は申請期日までに、生産緑地に選択するかしないかを決断しなくてはなりませんでした。

1992年秋の最初の指定作業が終了した時点での東京都の指定状況は、特定市街化区域農地約7154haうち約4072haが生産緑地、約3084haが宅地化農地で、生産緑地指定率は57％でした。

改正生産緑地法の主な改正点

①従来の第一種生産緑地と第二種生産緑地を一元化する。
②指定面積の下限を500m²とする。
③生産緑地の買取申出の開始期間は指定後30年とする。

平成3年地方税法の主な改正点

①長期営農継続農地制度を平成3年度限りで廃止

する。

②転用制限の強化等の措置が講じられた「生産緑地」内の農地は、平成4年度から農地として課税。

③生産緑地以外の特定市街化区域の農地は、平成4年度以降宅地並み課税を実施。

④相続税納税猶予制度は、平成3年1月1日以降の相続により取得した都市営農農地（＊）に適用する。

⑤都市営農農地での贈与税・相続税納税猶予制度の適用については終生営農を義務とする。

＊都市営農農地……1991（平成3）年1月1日現在において三大都市圏の特定市に所在する生産緑地。全国では190市が該当。

（全国農業会議所刊行「農業委員会制度史」を参考に取りまとめ）

3 新たな都市農業時代の幕開け――2000年代以降

1990年頃までは、日本の経済政策のなかで農地から宅地へと転換を進める都市の膨張・拡大路線がとられていました。しかし、バブル経済の崩壊後は宅地需要の減少へという時代の変化とともに、都市住民の農への関心の高まり等により農業・農地の再評価がされていきます。

（1）国土交通省――都市計画と都市農地を一体的に位置づけ

国土交通省は、2009年7月、社会資本整備審議会、都市計画・歴史的風土分科会、都市計画部会、都市計画制度小委員会を設置し、2012年9月の第18回都市計画制度小委員会での中間取りまとめにて次のような提案をしています。

……都市農業の特性に応じ、都市住民の参画も得た取り組みを進め、都市農業を持続可能なものとしていくことは、意義が大きいと考えられる。一方、市街化区域農地については、その保全にあたって現在も支援制度が伴っており、防災、交流、緑地機能など都市住民にとっての重要性や、生産面等における重要性を有する農地とその他の農地を整理してメリハリのある議論を進めることが必要である。保全のあり方については、農地所有者とその他の者（一般勤労者世帯、中小製造業などの他業種、農地以外の緑の所有者など）の間における税の公平性の観点、一般農地（市街化区域以外の農地）など他の農地とのバランスの観点、所有者の利用意向など農業関係者の意向、都市農業に特有な農業形態、地域性など、様々な観点から、個々の事情を踏まえ検討すべきである。また、保全すべき農地は一定の永続性をもって確実に保全される必要があり、土地利用や転用の制限など、制度上、営農の継続性を十分に担保することを検討すべきである。

都市計画に関する制度は多様な国民の利害に密接な関連があり、多数の国民に大きな影響を与えるものである。引き続き様々な分野や関係者の意見を丁寧に集約しつつ、都市政策と農業政策の双方から一体的・総合的に検討していく必要がある……

（2012年9月第18回都市計画制度小委員会中間取りまとめ）

(2)農林水産省
――「食料・農業・農村基本法」を制定

農林水産省は1999（平成11）年に農業基本法を廃止し、新たに「食料・農業・農村基本法」を制定しました。

そして、同法の第36条2項に「国は、都市及びその周辺における農業について、消費地に近い特性をいかし、都市住民の需要に即した農業生産の振興を図るために必要な施策を講ずるものとする」と明記されました。

さらに、2005年3月に閣議決定された「新たな食料・農業・農村基本計画」では、都市及びその周辺の地域における農業の振興について、「都市農業が、新鮮で安全な農産物の都市住民への供給、心やすらぐ『農』の風景に触れ『農』の営みを体験する場の提供、さらには、災害に備えたオープンスペース（まとまりのある空地）の確保、ヒートアイランド（局地的な高温地域の発生）現象の緩和といった都市住民のニーズに一層応えていくことができるよう、住民も参加した都市農業のビジョンづくりを支援する。また、農産物の直接販売、市民農園、学童農園等における農業体験や交流活動、心から落ち着ける緑地空間の形成、防災協力農地としての協定の締結等の取り組みを推進する」と宣言し、農業政策のなかに、都市農業を明確に位置づけたのです。

(3) 各地方自治体でも条例制定や都市農業基本法制定

特定市である東京都日野市では、市内の農業が「新鮮で安全な農産物を提供し、農地は良好な生活環境を保全していく上で多面的で重要な役割を果たしてきた」ととらえ、貴重な農地・農業を守り永続的に育成していけるように「日野市農業基本条例」を１９９８（平成10）年７月１日に施行しました。これは、全国初の市町村の都市農業条例の制定となりました。

神奈川県は、県全域で営まれる農業を都市農業として位置づけ、12の基本的施策を実施する、全12条からなる「神奈川県都市農業振興条例」を２００６年４月１日より施行しました。

大阪府は、府の区域において行なわれている農業を、府民に新鮮で安全安心な農産物を供給するとともに、多様な公益的機能を発揮している都市農業と位置づけ、農地、里山、集落及び水路、ため池等の施設が一体として存する地域を農空間と位置づけました。さらに、７つの事項に関する施策を実施する「大阪府都市農業の推進及び農空間の保全と活用に関する条例」を２００８（平成20）年４月１日に施行しました。

東京都では、都段階の農業関係の条例制定はされなかったものの、東京都農業会議が、２００８年３月及び２００９年３月の東京都農業委員・農業者大会において、全国ではじめて、都市農業保全のための法律及び制度を整備する「都市農業基本法（仮称）」の制定を提案し、決議しました。

(4) 東京都も農地の保全・活用を推進

東京都の都市計画関係部局は、2000(平成12)年12月に、東京都都市計画局(現在の東京都都市整備局)と都環境局との連名で「緑の東京計画」を策定し、そのなかで都市農地の位置づけについて明記しました。

「緑の東京計画」の農業関係の主な項目

・生産緑地制度の活用に加え、農業を活かした地域づくりにより、農地の減少を抑制していきます。
・緑地保全地域などについては、相続税の納税猶予制度を創設するなどの措置をとるよう、国に働きかけていきます。
・大消費地を抱える東京の優位性を活かし、活力のある企業的な農業経営を促進することによって、農地を保全していきます。
・災害時における身近な避難場所等として農地を活用するため、地元自治体による農地利用の防災協定の締結を促進していきます。
・体験農園など都民が緑とふれあう場として、生産緑地の活用を促進していきます。
・農山漁村の自然や文化を体験することのできる仕組みづくりを推進していきます。
・子供たちの健全な心を養うため、米づくりや野菜づくりなどの農業体験ができる学童農園の設置を推進していきます。

さらに、2001年8月に東京都都市計画局は、東京の新しい都市づくりビジョンの中間まとめを報告し、豊かな都市環境の創出として、都市農地などの保全と活用の3つのビジョンを掲げました。

市街化区域農地や民有緑地の所有者の税負担軽減

・農業経営の一戸一法人化の促進……広範囲に農業の担い手を求めることが可能となり農業の継続と農地の維持が図れること、相続税の負担が軽減されることなどの利点を踏まえ、農業経営の法人化に向け、法人の設立・運営の指導を推進する。また、法人への農地の現物出資の際に生じる譲渡所得に対する所得税免除等税制面の支援措置などについて、都は国と協力して検討を進めていく。
・生産緑地指定を促進……区市が生産緑地地区の指定方針を要綱で定め、この要綱に基づく生産緑地指定を促進するため、都は情報提供などにより区市の要綱策定を支援していく。また、生産緑地を対象に農地基盤整備等を促進し、農業生産の向上と農地の保全を図る。
・農地や民有緑地における税制上の軽減措置の拡大……相続税の納税猶予制度について、農業用施設用地や市民農園等への適用拡大、また、都の自然保護条例に基づく保全地域や都市緑地保全法に基づく緑地保全地区、区市町村指定の保存樹林とされた屋敷林など民有緑地への適用を国に要請する。

(5) 農の風景育成地区制度の創設

東京都都市整備局は「東京の農地は、食料生産の場だけでなく、潤いのある風景の形成や、災害時の避難場所としても役立つ貴重なオープンスペースであり、多面的な機能を果たしている」ととらえました。減少しつつある農地を保全して農のある風景を引き継ぐため、農の風景育成地区制度を創設し、2011(平成23)年8月1日から施行しました。

この制度は、比較的まとまった農地や屋敷林等が残り、特色ある風景を形成している地域について、区市町が将来にわたり風景を保全、育成していくとともに、都市環境の保全、レクリエーション、防災等の緑地機能を持つ空間として確保するというものです。

2013年5月に世田谷区喜多見地区で第1号が指定され、続いて2015年6月に練馬区高松地区、2017年杉並区荻窪・成田西地区が指定されています。

■世田谷区　農地保全方針の策定

世田谷区では、生産緑地の指定により農地保全を図ってきましたが、相続によって依然農地の減少が続いている状況において、世田谷区の農地保全の取り組みを進めるため、2009(平成21)年10月に「世田谷区農地保全方針」を定めました。このなかで、農地保全重点地区として、生産緑地及び宅地化農地、屋敷林が一団で存在する7地区が指定されました。

農地等の保全の具体策としては、①宅地化農地を生産緑地に追加指定　②宅地化農地を区民農園、苗圃等として活用　③屋敷林を市民緑地、保存樹林地等に重点的に指定　④保存樹林地の支援の拡充を区民等の協力を得ながら保全に努め、条件が整えば区が農地を取得すると明記しています。

このような方針が前提となり、２０１３（平成25）年５月に世田谷区喜多見地区が東京都の「農の風景育成地区」の第１号が指定を受けることになりました。

コラム

都市農業振興基本法成立の意義

後藤光藏（武蔵大学名誉教授）

１９６８年に成立した新都市計画法は都市として整備する都市計画地域について、10年を目途に市街化を進める市街化区域と当面市街化を抑制する市街化調整区域を定めた。したがってこの区域区分が義務づけられた三大都市圏特定市の市街化区域の農地・農業は、１９７８年までには消滅するものとされたのである。その位置づけにより市街化区域の農地の転用促進のために固定資産税は宅地並み課税とされ、農地転用は自由となり、また市街化区域の農地・農業は農業施策の対象外となった。市街化区域の農地・農業はその他の農地・農業とは法制度上大きく異なる位置づけを与えられたのである。

しかし農地転用を進めるための宅地並み課税の実施は事実上引き延ばされ、他方でその存続を容認する生産緑地法等の仕組みがつくられるなど紆余曲折が続いた。10年の間に良好な市街地を形成するにはあまりにも多くの農地が囲い込まれたからである。また農業者、農業団体の努力、それらの取り組みに対する自治体の支援等によって、都市に農地・農業が存続することの意義も広く住民に理解されるようになっていったからである。

紆余曲折を経て、都市農地・農業の制度は１９９１（平成３）年の改正生産緑地法で一応の決着をみた。

それは市街化区域の農地を、宅地化する農地と保全する農地・生産緑地に区分し、宅地化農地には宅地並み課税と宅地評価による相続税を課す一方、生産緑地には30年の営農義務を条件とする農地並み課税と相続人の終生営農義務を条件とする農地評価による相続税を認め、保全する農地としたのである。

都市計画で決定される生産緑地が保全する農地とされるのは、そこで生まれる農業生産を評価したからではない。生活環境の保全（公害や災害の防止、都市環境の保全に役立つ緑の機能）と将来の公共施設用地確保の機能を評価したものである。

市街化区域の農地・農業は不要を基本とし、しかし上記の機能を持つ農地については農業者に農業継続の条件があれば転用を強要しないと位置づけ決着したのである。

しかし、ここでは触れないが、生産緑地法は制定の経過からわかるように都市農地の保全を目的としてつくられたものではない。生産緑地として保全する条件を厳しくし、農業者が生産緑地を選択する道を狭め、全体として農地を吐き出させることに主たる狙いがあったのである。

事実、生産緑地は保全されわずかな減少にとどまったが、宅地化農地は大きく減少し、市街化区域の農地は全体としては約半分に減少したのである。

しかし、現行制度の下で進む都市農地・農業の減少は、都市にとって不要とされた農地・農業の役割を見直させることになった。また1999年の食料・農業・農村基本法はこれまで基本的に放置してきた都市農業に触れ、加えてその生産機能を評価し振興を謳うようになった。

これらの延長線上で、都市に農地・農業は不要とした都市計画法の理念の転換を内包する都市農業振興基本法と基本計画が成立した。

これまでの理念の転換とは次のことを意味する。

①農業生産のための土地利用、つまり「生産緑地」ではなく「農地」を都市に必要な土地利用として位置づけた

②農業生産の継続によって、都市住民の生活を支える農産物の供給とその他の多面的機能を供給する、都市における農業の役割とそのような都市農

業の振興を謳った

③このような位置づけのもとに、当たり前のあるべき土地利用としての農地が保全されることで、農業的土地利用と都市的土地利用が共存する都市が、都市住民の豊かな生活を支えるあるべき都市となる

このように都市農業振興基本法及び同基本計画は、都市計画法の市街化区域内農地の位置づけや、生産緑地法の保全する生産緑地と宅地化農地という区分の見直しにつながる内容を持っている。

しかし現時点ではそこまでの抜本的な制度の改正としては取り組まれていない。基盤として都市計画法、その上に生産緑地法があり、保全する農地は生産緑地であるというこれまでの制度の下で、

①生産緑地の維持に結びつく制度改正（特定生産緑地制度、生産緑地の下限面積や一団地要件の緩和、生産緑地の貸借の円滑化のための制度など）

②都市農業の維持や展開が期待される制度改正（生産緑地の貸借制度や生産緑地の規制緩和による直売所やレストラン等々の利用）

③農地を土地の利用形態として認める新たな用途地域（田園居住地域）の創設

などが具体化されている。

これらは大きな転換を含むものではあるが、都市地域における農地の保全と都市農業の振興にどれだけ結びつくかは不透明である。それは、農業者、農業団体、自治体の今後の努力にかかっている。また、担い手となる農業者と参入する可能性が開かれた企業等との調整も新たな課題となってくるだろう。

変わる都市農地制度

1 都市農業の存続のために
――生産緑地法と相続税納税猶予制度

今後の都市農業の行方を大きく左右するといわれる「2022年問題」という言葉を聞いたことがあるでしょうか。ここでいう都市農業とは、三大都市圏の特定市（＊）の市街化区域の農業を指しています。2022年問題への対応次第では、今の都市農地の多くを喪失してしまうのではないかといわれています。

第2章では、そうならないように、様々な制度の仕組みとその上手な活用方法を見ていきます。

＊特定市……特定市とは、首都圏整備法・近畿圏整備法・中部圏開発整備法に規定する①東京特別区（23区）、②市の区域の全部または一部の区域、③首都圏・近畿圏・中部圏内の政令指定都市のいずれかに該当する市町村のことを指す。表2―1は三大都市圏の特定市の一覧である。

（1）貴重な、市街化区域に残ってきた農地

それでは、市街化区域とはどのような区域をいうのでしょうか。第1章も市街化区域内の農地が焦点となりましたが、ここであらためて整理してみましょう。

市街化区域とは、都市計画法により定められた「都市計画区域」にあります。都市計画区域とは、都市として総合的に整備し、開発し、保全する等の必要がある区域として都道府県が指定した区域です。

都市計画区域では、無秩序な市街化を防止し、計画的な市街化を図るために、市街化区域と市街化調整区域に区分できるとされています。大雑把にいうと、市街化区域は計画的に市街地化を促進する区域で、市街化調整区域とは市街地化を抑制する区域です。半世紀ほど前の「都市計画法」により定められた区域ですが、それ以降、市街化区域に編入されると、集中的に都市整備がされ、開発が進むようになりました。

農地でいえば、農地を宅地等に転用する場合は、農地法に定める都道府県知事等による許可が原則必要です。しかし、市街化区域では農地所有者が市町村の農

表2−1　三大都市圏の特定市

区分	都府県	市町村名
首都圏（113）	茨城県（7）	龍ケ崎市、取手市、坂東市、牛久市、守谷市、常総市、つくばみらい市
	千葉県（23）	千葉市、市川市、船橋市、木更津市、松戸市、野田市、成田市、佐倉市、習志野市、柏市、市原市、流山市、八千代市、我孫子市、鎌ケ谷市、君津市、富津市、浦安市、四街道市、袖ケ浦市、印西市、白井市、富里市
	埼玉県（37）	川越市、川口市、行田市、所沢市、飯能市、加須市、東松山市、春日部市、狭山市、羽生市、鴻巣市、上尾市、草加市、越谷市、蕨市、戸田市、入間市、朝霞市、志木市、和光市、新座市、桶川市、久喜市、北本市、八潮市、富士見市、三郷市、蓮田市、坂戸市、幸手市、鶴ヶ島市、日高市、吉川市、さいたま市、ふじみ野市、熊谷市、白岡市
	東京都（27）	特別区（23区）、八王子市、立川市、武蔵野市、三鷹市、青梅市、府中市、昭島市、調布市、町田市、小金井市、小平市、日野市、東村山市、国分寺市、国立市、福生市、狛江市、東大和市、清瀬市、東久留米市、武蔵村山市、多摩市、稲城市、羽村市、あきる野市、西東京市
	神奈川県（19）	横浜市、川崎市、横須賀市、平塚市、鎌倉市、藤沢市、小田原市、茅ヶ崎市、逗子市、相模原市、三浦市、秦野市、厚木市、大和市、伊勢原市、海老名市、座間市、南足柄市、綾瀬市
中部圏（38）	静岡県（2）	静岡市、浜松市
	愛知県（33）	名古屋市、岡崎市、一宮市、瀬戸市、半田市、春日井市、津島市、碧南市、刈谷市、豊田市、安城市、西尾市、犬山市、常滑市、江南市、小牧市、稲沢市、東海市、大府市、知多市、知立市、尾張旭市、高浜市、岩倉市、豊明市、日進市、愛西市、清須市、北名古屋市、弥富市、みよし市、あま市、長久手市
	三重県（3）	四日市市、桑名市、いなべ市
近畿圏（63）	京都府（10）	京都市、宇治市、亀岡市、城陽市、向日市、長岡京市、八幡市、京田辺市、南丹市、木津川市
	大阪府（33）	大阪市、堺市、岸和田市、豊中市、池田市、吹田市、泉大津市、高槻市、貝塚市、守口市、枚方市、茨木市、八尾市、泉佐野市、富田林市、寝屋川市、河内長野市、松原市、大東市、和泉市、箕面市、柏原市、羽曳野市、門真市、摂津市、高石市、藤井寺市、東大阪市、泉南市、四條畷市、交野市、大阪狭山市、阪南市
	兵庫県（8）	神戸市、尼崎市、西宮市、芦屋市、伊丹市、宝塚市、川西市、三田市
	奈良県（12）	奈良市、大和高田市、大和郡山市、天理市、橿原市、桜井市、五條市、御所市、生駒市、香芝市、葛城市、宇陀市

出典：国土交通省
注：市町村名は2017（平成29）年1月1日現在のもの

業委員会に届出するのみでよいという容易な手続きとなります。

こうして都市開発が進むと、市街化区域の土地の価格が上がり、同時に固定資産税や相続税の評価額も上昇します。そして土地所有者は税負担等のため土地を手放さざるを得ない状況になり、誘導的に土地の流動化が進みます。

この動きは、特に昭和40年代以降に三大都市圏で顕著にそして加速的に進みました。ですから、現在ある三大都市圏の特定市の市街化区域の農地は、このような経緯のなかでも生き残ってきた貴重な農地なのです。

(2) 生産緑地かどうかで固定資産税は大きく変わる

特定市をはじめとした都市農業や都市農地の継続に大きく影響している主な税制が固定資産税と相続税です。

固定資産税と相続税はどのような税制で、どの農地関連制度と関係が深く、どのように都市農地に影響を及ぼしているのでしょうか(図2—1)。

固定資産税は土地や家屋などの資産等に毎年課せられる市町村税です(東京23区では都税)。土地の固定資産税は、原則、その土地の課税標準(評価額)の1・4%が税額となります。一般の農地の課税標準は、毎年1月1日現在の地価公示価格を基準に、その約7割程度を評価額としています。

しかし、特定市街化区域の農地の課税額は異なります。特定市街化区域とは、三大都市圏の特定市に所在し、市街化区域内にある農地を指します。この農地の固定資産税の特徴としては、課税額が3分の1に評価減されていることです。

原則、次の①②のいずれか低いほうの額となります。

①評価額×1/3×税率(1・4%)(新たに特定市街化区域に編入された農地は軽減あり)

②(前年度の課税標準額+当該年度の評価額×1/3×5%)×税率(1・4%)

この固定資産税と関係の深い制度が「生産緑地法」です。生産緑地法で定める生産緑地は、農地の所有者等の申請により市町村長が都市計画決定をして指定する地区です。

特定市街化区域の農地が生産緑地に指定されると、原則、固定資産税額は評価額×税率により算出されることになり、その評価額は農地評価が適用されます。

農地評価は土地の評価額としては非常に低額です。生産緑地の指定を受けていない特定市街化区域農地（以後、「宅地化農地」といいます）と比較すると、生産緑地の固定資産税額は100分の1から250分の1程度という桁違いに低い課税額になるといわれています。

生産緑地にはもう一つ大きなメリットがあります。1991年1月1日現在での三大都市圏の特定市（表2—2）の市街化区域の農地では、生産緑地に指定された場合に限って「相続税納税猶予制度」の適用が受けられることです。宅地化農地を相続しても、同制度の適用は受けられません。このことからも、都市農地において、生産緑地はなくてはならない制度だとわかります。

■固定資産税（含、都市計画税）……都税（23区）・市町村税
・固定資産に課される税（都市計画税は一部の固定資産は対象外）
・毎年納付する義務
・都市整備を促進する市街化区域の農地は「高」
・都市整備を抑制する市街化調整区域の農地は「低」

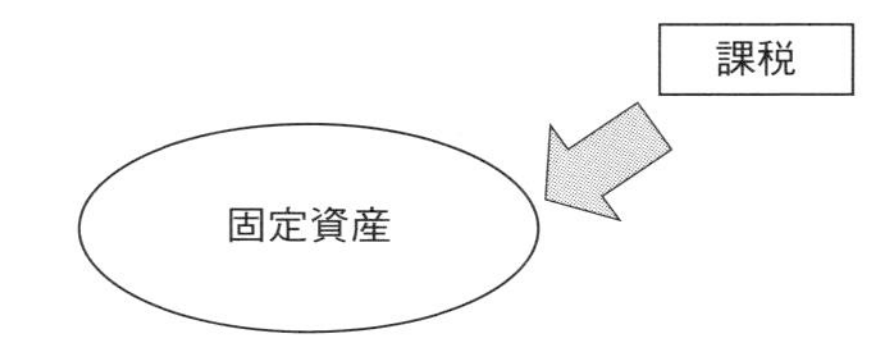

■相続税……国税
・相続する資産に課される税
・相続の開始を知った日の翌日から10ヵ月以内に申告書を提出する義務
・市街化区域の農地は「土地」（近傍宅地）として評価

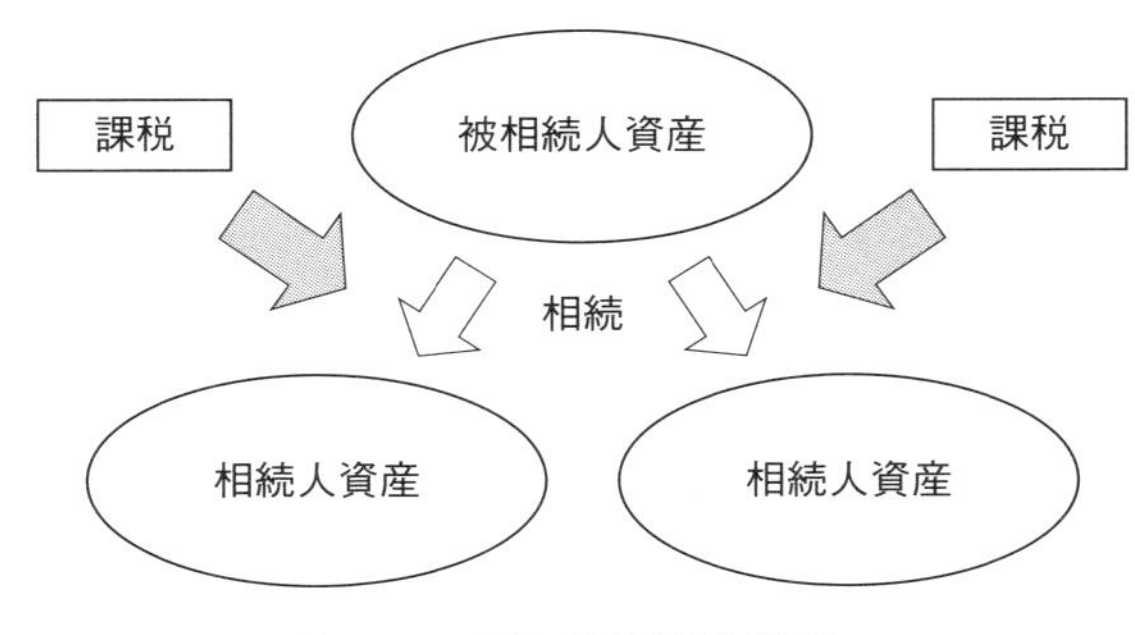

図2－1　固定資産税と相続税

表2－2　1991（平成３）年１月１日現在の三大都市圏内の特定市（190）

区分	都府県	市町村名
首都圏（106）	茨城県（5）	龍ケ崎市、水海道市、取手市、岩井市、牛久市
	埼玉県（36）	川口市、川越市、浦和市、大宮市、行田市、所沢市、飯能市、加須市、東松山市、岩槻市、春日部市、狭山市、羽生市、鴻巣市、上尾市、与野市、草加市、越谷市、蕨市、戸田市、志木市、和光市、桶川市、新座市、朝霞市、鳩ヶ谷市、入間市、久喜市、北本市、上福岡市、富士見市、八潮市、蓮田市、三郷市、坂戸市、幸手市
	東京都（27）	特別区（23区）、武蔵野市、三鷹市、八王子市、立川市、青梅市、府中市、昭島市、調布市、町田市、小金井市、小平市、日野市、東村山市、国分寺市、国立市、福生市、多摩市、稲城市、狛江市、武蔵村山市、東大和市、清瀬市、東久留米市、保谷市、田無市、あきる野市のうち旧秋川市
	千葉県（19）	千葉市、市川市、船橋市、木更津市、松戸市、野田市、成田市、佐倉市、習志野市、柏市、市原市、君津市、富津市、八千代市、浦安市、鎌ケ谷市、流山市、我孫子市、四街道市
	神奈川県（19）	横浜市、川崎市、横須賀市、平塚市、鎌倉市、藤沢市、小田原市、茅ヶ崎市、逗子市、相模原市、三浦市、秦野市、厚木市、大和市、海老名市、座間市、伊勢原市、南足柄市、綾瀬市
中部圏（28）	愛知県（26）	名古屋市、岡崎市、一宮市、瀬戸市、半田市、春日井市、津島市、碧南市、刈谷市、豊田市、安城市、西尾市、犬山市、常滑市、江南市、尾西市, 小牧市、稲沢市、東海市、尾張旭市、知立市、高浜市、大府市、知多市、岩倉市、豊明市
	三重県（2）	四日市市、桑名市
近畿圏（56）	京都府（7）	京都市、宇治市、亀岡市、向日市、長岡京市、城陽市、八幡市
	大阪府（32）	大阪市、守口市、東大阪市、堺市、岸和田市、豊中市、池田市、吹田市、泉大津市、高槻市、貝塚市、枚方市、茨木市、八尾市、泉佐野市、富田林市、寝屋川市、河内長野市、松原市、大東市、和泉市、箕面市、柏原市、羽曳野市、門真市、摂津市、泉南市、藤井寺市、交野市、四條畷市、高石市、大阪狭山市
	兵庫県（8）	神戸市、尼崎市、西宮市、芦屋市、伊丹市、宝塚市、川西市、三田市
	奈良県（9）	奈良市、大和高田市、大和郡山市、天理市、橿原市、桜井市、五條市、御所市、生駒市

出典：国税庁資料より
注：市町村名は、1991（平成３）年１月１日現在のもの

表2－3　東京都内区市の市街化区域の農地・生産緑地指定面積

区市名	市街化区域の農地面積（ha）[A]	生産緑地		比率（%）[B/A]
		件数	面積（ha）[B]	
目黒区	2.6	14	2.08	80.0
大田区	2.6	13	1.94	74.6
世田谷区	99.4	509	87.64	88.2
中野区	2.8	9	1.65	58.9
杉並区	36.8	131	33.68	91.5
北区	0.3	3	0.30	100.0
板橋区	15.5	68	9.83	63.4
練馬区	203.0	652	181.54	89.4
足立区	50.3	209	32.21	64.0
葛飾区	33.5	191	26.14	78.0
江戸川区	46.3	262	35.67	77.0
区部小計（11区）	493.1	2061	412.68	83.7
八王子市	391.1	1061	234.37	59.9
立川市	235.2	378	202.07	85.9
東大和市	62.3	202	45.66	73.3
武蔵村山市	124.5	328	92.72	74.5
武蔵野市	29.6	84	25.41	85.8
三鷹市	149.0	296	135.88	91.2
府中市	127.8	455	97.76	76.5
調布市	141.5	424	118.67	83.9
狛江市	38.4	142	31.13	81.1
青梅市	194.0	710	130.98	67.5
昭島市	63.2	213	47.20	74.7
町田市	324.7	1049	221.40	68.2
小金井市	69.2	210	62.14	89.8
日野市	153.8	441	113.14	73.6
小平市	185.8	363	165.74	89.2
国分寺市	143.8	257	125.04	87.0
東村山市	154.9	335	129.37	83.5
清瀬市	192.8	266	170.88	88.6
東久留米市	158.8	305	139.55	87.9
国立市	54.4	140	44.94	82.6
西東京市	135.0	292	115.75	85.7
福生市	12.1	48	6.31	52.1
羽村市	40.4	171	31.95	79.1
多摩市	41.1	139	28.02	68.2
稲城市	135.8	464	104.77	77.2
あきる野市	125.2	387	66.52	53.1
市部小計（26市）	3484.4	9160	2687.37	77.1
都合計	3977.5	11221	3100.05	77.9

注：生産緑地面積は2018年3月31日現在（東京都都市整備局資料）
　市街化区域のみに農地のある区市においての市街化区域内農地面積は2017年1月1日現在（平成29年度分固定資産の価格等の概要調書：東京都総務局）
　市街化区域・市街化調整区域に農地のある区市においての市街化区域内農地面積は、都市計画生産緑地地区面積（2018年3月31日現在）＋課税上市街化区域農地面積（2018年1月1日現在）
　端数処理の関係上合計が合わない場合がある

現在、東京都内の区市（＝すべて特定市）の市街化区域の農地の約８割が生産緑地の指定を受けています（表２—３）。

(3) 相続税が生産緑地を最も多く減少させる

都市農地を減少させてきた最も大きな要因は相続です。

相続時に発生する相続税は、被相続人（親等）の資産（農地・建物・預貯金等）を相続人（子供）が相続するときに発生する国税です。原則、被相続人（親等）が死亡した日から10ヵ月以内に、その相続人は相続税を税務署に申告する義務があります。

特に、特定市街化区域の農地は、生産緑地であろうと宅地化農地であろうと相続税額は公示価格の約８割程度の路線価で評価されます。都市農地を継承する農業後継者は、親が所有していた農地をはじめ他の財産を相続することから、莫大な相続税を納付することになり、その多くが相続する農地を少なからず処分せざるを得ない状況に追い込まれます。

相続税納付のため、親が所有していた生産緑地（の行為制限）を解除して、農地を宅地等の用地として売却するケースは少なくありません。

このような相続時の相続税負担の厳しさが、「日本では財産は三代で喪失する」といわれる所以ではないでしょうか。しかし、１９７５年の税制改正により、相続税納税猶予制度ができたことで、直線的な農地の減少に歯止めがかかりました。

相続税納税猶予制度は文字どおり、相続税と関係の深い制度です。農地の相続人がその農地で農業経営等を継続することを要件に、相続した農地の価格を、農業投資価格とみなし、それを超えた部分の税額は支払いを猶予する、すなわち納税期限を延長するという制度です。

例えば、東京都内の１０００m²（約３００坪）の畑を相続したときの農業投資価格は84万円です（都道府県の農業投資価格は国税局のホームページに掲載されています）。市街化区域の生産緑地の相続税評価額はその畑の周辺の宅地の８割程度ですから、その評価減の大きさが実感できます。

制度の詳細は後述しますが、相続税納税猶予制度は、継続していくためのルールやペナルティが厳しいといわれています。それでも相続の際に都市農地を継続させる制度として、生産緑地法と同様に都市農業にはなくてはならない制度だといえます。

(4) 都市農業の潮目を変えた都市農業振興基本法

都市農業や都市農地に欠かせない生産緑地法と相続税納税猶予制度の両制度は２０１７年と２０１８年に大きな改正が行なわれています。これは、２０１５（平成27）年４月に国会で「都市農業振興基本法」が可決・成立したことによりはじまったものです。

都市農地制度は、①生産緑地法は国土交通省、②相続税等納税猶予制度は財務省、③農地法は農林水産省がそれぞれ管轄しており、三省が同じ方向性を持って進まないと抜本的な制度改善等を望むことはできません。このようななか、都市農業振興基本法が施行され、国として都市農業を振興すると宣言したのです。さらに、２０１６年５月には農林水産省と国土交通省が共同で作成した都市農業振興基本計画が閣議決定をし、都市農地を「いずれは宅地化すべき」ものから、「都市にあるべきもの」へとはじめて位置づけるという、大きな政策転換がなされました。

都市農業振興基本計画策定後、都市農地制度は大きく動き出します。

まず国土交通省が生産緑地法の改正に着手し、都市緑地法等の一部改正に盛り込む形で２０１７年４月に生産緑地法の一部改正が国会で可決・成立しました。この改正により国土交通省は、都市農地の保全に大きく舵を切ります。

都市緑地法の改正では、都市の緑地の定義に新たに農地（生産緑地等）を追加し、都市農地を都市の緑の保全施策の対象と位置づけました。

また、都市計画法の改正では、住居系の用途地域に「田園住居地域」を創設して8類型とし、市町村が都市農地と住居が調和したまちづくりを計画的に進める地域を設定する仕組みをつくりました。具体的には第一種低層住居専用地区等では原則設置できない農産物加工場等の農業用施設の設置を可能としたことです。あわせて田園住居地域内の農地税制の措置等も設けられています。

2　生産緑地法の変更で都市農地制度はどう変わったか

(1) そもそも生産緑地法とはどういう法律か

それでは、生産緑地法はこれまで何が課題であって、2017年の改正により何が改善されたでしょうか。

生産緑地法は都市計画関連法であり、1974年に施行された国土交通省関係の制度です。1991年の一部改正により、1991年1月1日現在で三大都市圏の特定市だった190市の市街化区域にある農地（表2―2）については、1992年から所有者が生産緑地に指定するか、指定せずに宅地化農地にするのかのどちらかを選択をしなくてはならなくなりました。

その結果、以後、市町村合併等により特定市になった市町も含め、三大都市圏の特定市の市街化区域の農地は、①生産緑地か、②宅地化農地かのどちらかに区分されることになります。

生産緑地は、前述のとおり、所有者等の申請により、市町村長が都市計画決定をし、指定した地区です。

(2) 変更のポイント1　指定要件の緩和

■市町村が条例を定めれば一団300㎡から指定可能に（2017年6月15日以降）

生産緑地の指定は、一団で500㎡以上の市街化区域の農地から指定が可能でした。隣接する生産緑地とあわせて500㎡以上あればよく、6ｍ程度の道路を挟んで隣接している場合も一団と認められていました（図2―2）。

2017年の改正後は、市町村が条例を定めれば、一団で300㎡以上から指定が可能になりました。

この改正を受けて、東京都内の区市ではいち早く条例化に着手しました。現在、生産緑地のある東京都内36区市すべてで条例化もしくは条例化の見込みであり、一団で300㎡からの生産緑地の指定が可能になることになります。

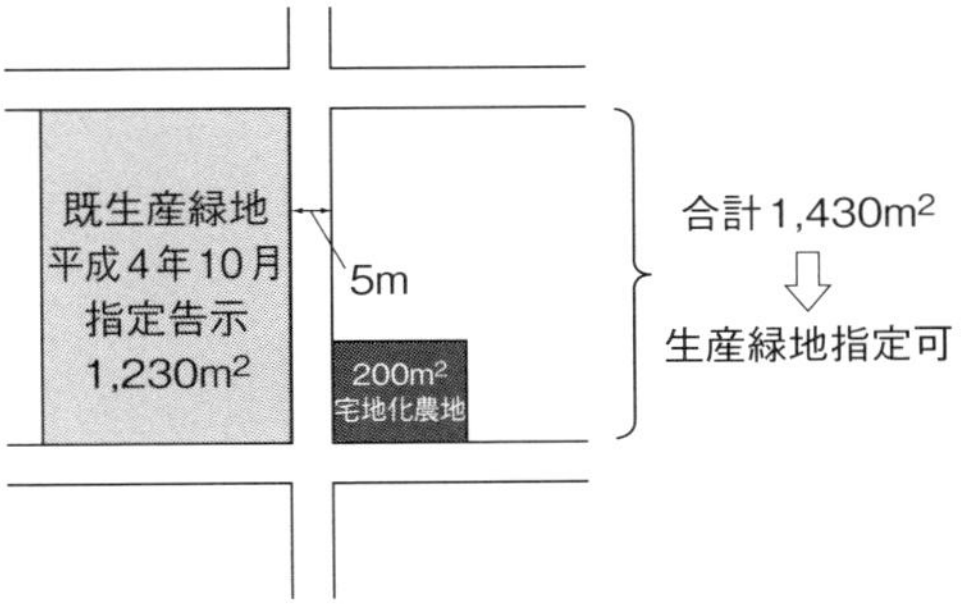

図2−2　生産緑地の一団の指定(例)

■農地が隣接していなくとも一団とみなされる（2017年6月15日以降）

また、国土交通省では、自治体が生産緑地法を運用するための指針となる「都市計画運用指針」の改正を行ないました。改正前までは6m以下の道路を挟み隣接している農地を一団として定義していたものを、改正後は、「稠密な市街地等において、同一の街区又は隣接する街区に存在する複数の農地等が、一体として緑地機能を果たすことにより、良好な都市環境の形成に資する場合には、物理的な一体性を有していない場合であっても、一団の農地等として生産緑地地区を定めることが可能である。この場合、一団の農地等を構成する個々の農地等の面積については、100m²程度を下限とし、地域の実情に応じ、適宜判断することが望ましい」という内容を追加しました。

これにより、6m以内の道路で農地が隣接してない場合も、周辺の生産緑地と一体をなしていれば一団と認められることになりました。例えば、公衆用道路の用地として買収されるときや、隣接する他の生産緑地の所有者が生産緑地（の行為制限）を解除し、一団の面積が500m²もしくは300m²を割った場合にも、残された農地が100m²以上あれば、生産緑地が継続されるということです（図2−3）。

これはとても重要なことです。三大都市圏の特定市の市街化区域の農地のほとんどは生産緑地に指定されていることを要件に相続税等納税猶予制度が適用されています。もし、生産緑地でなくなれば相続税等納税猶予制度が打ち切られるということになります。

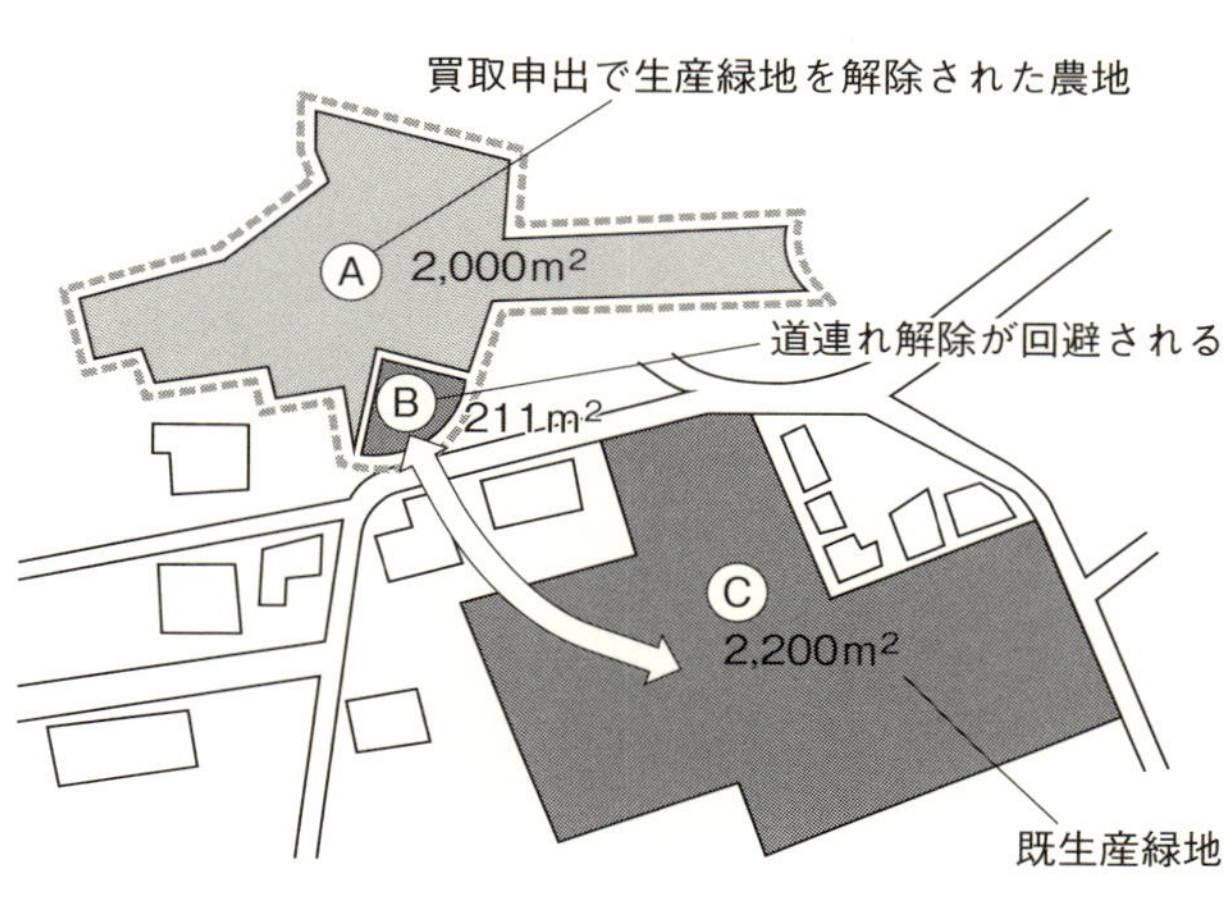

図２－３　生産緑地の道連れ解除の回避

後述しますが、例えば、相続税納税猶予制度の適用を受けている生産緑地の指定が解除されると、その農地部分に猶予されていた税額や利子税（公共事業は利子税を免除＝２０２１年３月まで）を２ヵ月以内に税務署に納付しなくてはなりません。今回の改正は、隣接した生産緑地の指定が解除されることによって同時に指定を解除されるという「道連れ解除」を回避する意味があります。

■宅地から農地に復元した農地も指定可能に

改正前の都市計画運用指針では、過去に農地以外への転用の届出がされた宅地化農地については、たとえ現在は耕作されていても「生産緑地の指定は望ましくない」との姿勢でした。しかし今回の改定で、「ただし、届出後の状況の変化により、現に、再び農林漁業の用に供されている土地で、将来的にも営農が継続されることが確認される場合等には、生産緑地に定めることも可能である」との内容が追加されました。

これにより、都市農地所有者は、過去に農地以外に活用しようとしていた土地を農地として復元し、生産緑地として残せる機会を得られることになりました。

■自治体の対応次第で適用となる

ただし、これらは都市計画決定をする市町村の生産緑地指定基準等を改定しなければ適用がされません。

つまり、これらが現実に可能になるかどうかは、自治体の対応次第ということになります。

(3) 変更のポイント2　行為制限の緩和

生産緑地は、都市計画決定により指定され、税制の控除を受けていることから、農地として維持されることが前提です。したがって、建物や工作物の新増改築、宅地化等の開発行為については制限があります。これを「行為制限」といいます。

行為制限とは、農地等以外への転用行為の制限のことです。原則、生産緑地は農業用施設等の設置を除いて、農地以外への転用行為は認められません。違反をした場合は、市町村長から原状回復命令が発せられます。もちろん適正に耕作することが特に求められる農地でもあります。

この転用行為の制限が一部緩和されました。

■設置できる農業用施設の拡充（2017年6月15日以降）

生産緑地に設置できる農業用施設は、これまで次のように規定されていました。

①生産・集荷施設
②生産資材の貯蔵・保管施設
③処理又は貯蔵に必要な共同利用施設
④農林漁業に従事する者の休憩施設
⑤市民農園に係る施設

改正により、設置できる農業用施設が拡充されました。

改正後は、生産緑地に設置できる農業用施設に、⑥製造・加工・販売施設（農産物直売所・農家レストラン等）が加わりました。

これら施設の設置にあたっては、

①施設の敷地を除いた生産緑地の面積の下限を500m²（下限面積を引き下げた市町村ではその面積）とする。
②施設の敷地面積の合計は生産緑地の面積の10分の2を上限とする。
③施設の設置者または管理者を生産緑地の所有者等とする。
④その生産緑地及び市町村内で生産された農産物等

を主たる材料として提供するものであること（量的または金額的におおむね5割以上使用が基準）。

などの要件を満たすことが必要となります。

■様々な制度が絡み合う都市農地の難しさ

ただし、新たにこのような農業用施設の設置が可能になったとしても、その生産緑地が第一種低層住居専用地域等にある場合は、そもそも農産物加工場等は設置できません。そのため、先述のとおり、国土交通省では、都市計画法を改正し、新たに田園住居地域という用途地域をつくったのです。

このように新たな制度が設けられたものの、用途地域の設定には、住民等の合意形成が必要になるなど煩雑な手続きを要することなどから、２０１９年９月までに田園住居地域を設定した市町村は未だありません。

また、生産緑地に設置できる農業用施設は、必ずしも、相続税納税猶予制度の適用を受けている農地に設置できる施設とはなっていません。例えば、農産物の直売所や農家レストランなどの施設です。

同じ農地でこのようなことが起こるのが都市農地の難しさです。

（4）変更のポイント3　行為制限の解除の事由

生産緑地を宅地化農地にして転用するには「行為制限」の解除が必要ですが、それにはその事由が必要となります。

例えば、農業後継者の「住居を建てたい」「資金を確保したい」といった事由では、生産緑地の行為制限を解除し、農地を他の用途へと転用することはできません。

行為制限の解除が認められる主な事由は、大きく二つあります。

その一つは「主たる従事者」の死亡や故障がこれにあたります。これは、生産緑地で耕作に従事する者が、死亡や疾病等といったどうしようもない事由により欠けてしまうことによって、所有者等がその生産緑地の維持ができなくなったときのための措置です。

二つ目は、生産緑地の指定（告示）より30年を迎えたときです。

■「主たる従事者」の故障とは？

農業に従事することを不可能にさせる故障とはどのような疾病等をいうのでしょうか。

生産緑地法では次のように規定しています。

①両眼の失明
②精神の著しい障害
③神経系統の機能の著しい障害
④胸腹部臓器の機能の著しい障害
⑤上肢若しくは下肢の全部若しくは一部の喪失又はその機能の著しい障害
⑥両手の手指若しくは両足の足指の全部若しくは一部の喪失又はその機能の著しい障害
⑦①から⑥までに掲げる障害に準じる障害

その他、１年以上の期間を要する入院その他の事由により農林漁業に従事することができなくなる故障として市町村長が認定したもの。

このように、農業に従事させることを不可能とする故障については生産緑地法で限定されており、生産緑地の行為制限の解除の多くは「主たる従事者の死亡」が生じる相続時に行なわれています。

■「主たる従事者」とは誰なのか？

生産緑地法によれば、「主たる従事者」を次のように規定しています。

①その生産緑地で農業を主として行なっている者（生産緑地の所有者など）。
②「主たる従事者」が65歳未満のときはその主たる従事者が農業に1年間従事した8割以上の日数を生産緑地での仕事に従事している者。
③「主たる従事者」が65歳以上のときは7割以上従事している者。

そして、２０１８年9月1日施行の生産緑地法施行規則の改正により、

④都市農地貸借円滑化法又は特定農地貸付法（市民農園整備促進法含む）の用に供される生産緑地では、借受者が1年間農業に従事した日数の1割をその生産緑地での農業に従事した場合、所有者等を「主たる従事者」とすること。

が追加されました。④は、都市農地貸借円滑化法が施行されたことによる変更です。

都市農地貸借円滑化法については、後述しますが、

生産緑地の貸借を円滑に行なうことを目的とした法律であり、そのために、あわせて生産緑地法施行規則を改正したものです。

■相続が貸借を抑制しないように

生産緑地の所有者に相続があると、その生産緑地を引き継ぐ相続人はどうするでしょうか。

相続税納税猶予制度の適用等を受けて農業を継続する相続人がある一方で、高額となる相続税の納付のため、主たる従事者（被相続人）の死亡を事由に、生産緑地の行為制限を解除する相続人も少なくありません。

仮に、第三者に生産緑地を貸した場合、貸借中に貸付者（所有者）に相続があると、その生産緑地の「主たる従事者」は当然ながら借受者となります。貸付者である被相続人は「主たる従事者」に該当しないので、貸付者の死亡を事由に生産緑地の買取申出ができません。これが「生産緑地は第三者には貸せない」といわれる理由の一つになっていました。

このような状況を受けて、前述のとおり、2018年9月5日に生産緑地法施行規則の改正が施行され、生産緑地を貸した場合も、その所有者が主たる従事者になりうる道をひらいたのです。

(5) 生産緑地の指定解除の手順

■生産緑地の買取申出

「主たる従事者」の死亡や故障が生じ、生産緑地の所有者や相続人等がその生産緑地の行為制限を解除しようとするときは、まず市町村長に買取申出の申請をします。これは生産緑地は市町村長が都市計画の上で決定したものであり、所有者が行為制限を解除せざるを得ない状況になったときには、原則、市町村長がその生産緑地を時価で買取り、公共用地等として維持しなくてはならないことになっているためです。

ただし、現実的には、計画道路予定地等を除けば、市町村で生産緑地の買取りのための多額の予算化はなされておらず、買い取られることはほとんどありません。

買取申出にあたっては、「故障」の場合はまず市町村が該当の疾病等であるかの確認（「死亡」の場合はその確認）をし、次に、市町村の農業委員会がその者がその生産緑地の「主たる従事者」であったことの証明を行ないます。
買取申出は、その「主たる従事者」証明を添付し、市町村長に申請を行ないます。

■申請から3ヵ月後に生産緑地の行為制限が解除される

買取申出を行なうと、市町村はまず1ヵ月以内に買い取るか買い取らないかの旨の通知をし、買い取らないときは、その生産緑地のあっせんを行ないます。例えば、周辺の農業者が取得するかしないかなどの情報を収集します。あっせんの結果、他の農業者等が取得しないということになれば、買取申出の申請から3ヵ月後にその生産緑地の行為制限が解除されます（図2－4）。

通常は市町村や農業者が、その生産緑地を買い取ることはまずないことから、都市農業者の間では買取申出を申請すると3ヵ月後に行為制限の解除がされるという認識が広がっています。

行為制限が解除されると、その農地は宅地化農地と

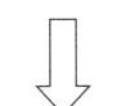

申請者
買取申出
主たる従事者証明 添付
（農業委員会による証明）
＊30年経過した生産緑地・第一種生産緑地については主たる従事者証明添付不要
市町村長
① 原則時価で買い取る
② 1ヵ月以内に買い取るか否かを通知
③ 区市町で買い取らない場合はあっせんする
農業委員会等
農業者等にあっせんを行なう
あっせんが不調の場合
買取申出を行なってから3ヵ月を経過したら、市町村長より行為制限の解除がされる

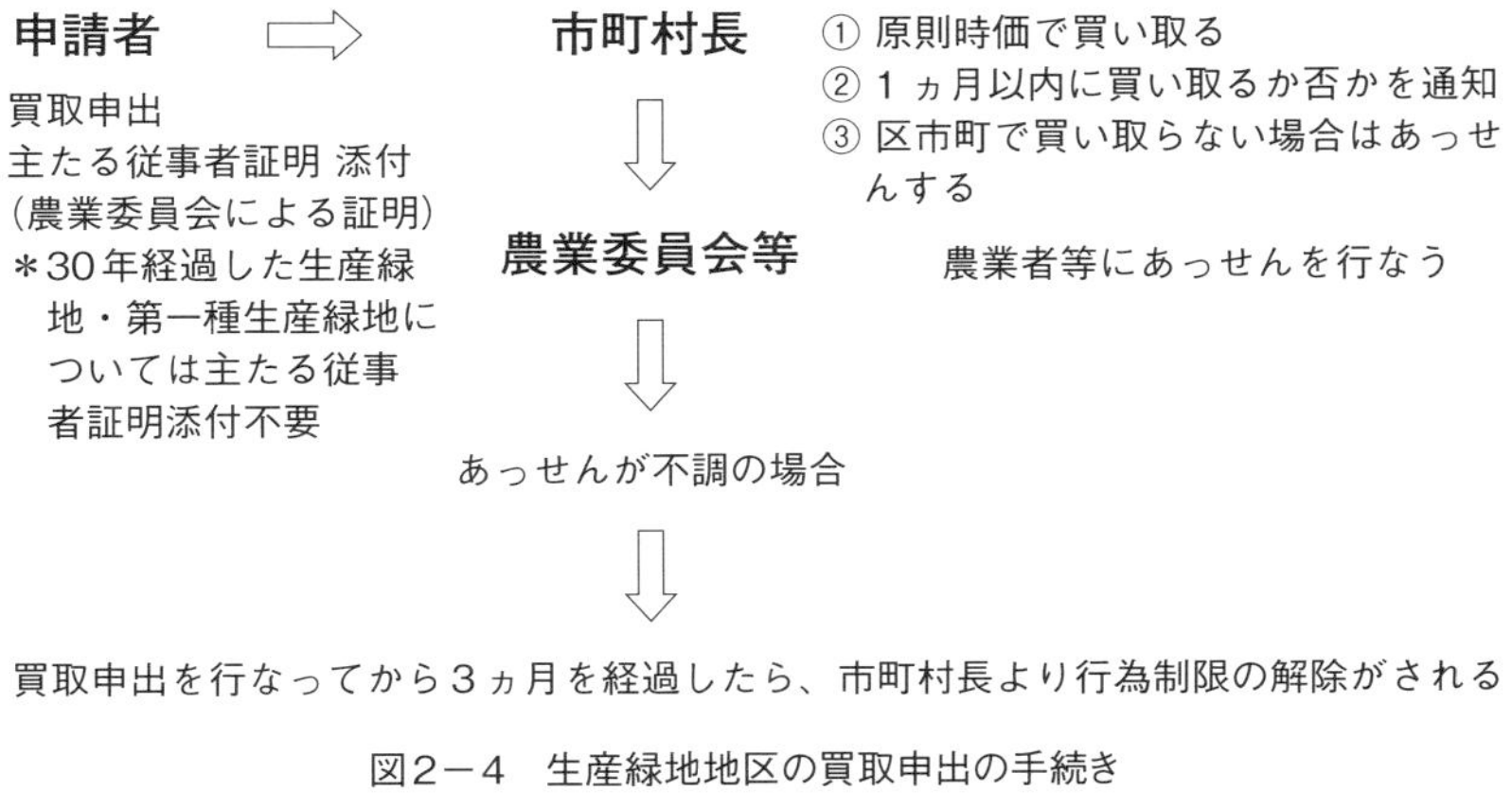

図2－4　生産緑地地区の買取申出の手続き

同様の取扱いとなります。すなわち、いつでも農業委員会に届け出て農地以外への転用が可能となる一方で、固定資産税は宅地並み課税（宅地化農地と同額の課税額）となります。

3 2022年問題にどう対処するか

(1) 2020年問題とは何か

■生産緑地の約8割が指定告示から30年を経過する

主たる従事者の死亡や故障のほか、生産緑地の買取申出が可能となるもう一つの事由に「その生産緑地が指定告示より30年を経過したとき」があります。その農地を市町村長が生産緑地として都市計画決定をし指定告示してから30年が経過すると、その生産緑地の所有者等は、いつでも市町村長に買取申出の申請ができ、行為制限の解除ができることになるのです。

１９９１年1月1日現在で三大都市圏の特定市の市街化区域であった農地は、前述のとおり、１９９２（平成４）年以降生産緑地に指定するか、指定せずに宅地化農地とするかを選択しなくてはならなくなりました。その１９９２（平成４）年に指定を受けた生産緑地が指定告示から30年目を迎える年が２０２２年なのです。現在の全国の生産緑地の全面積の約８割を占めるといわれています。

つまり、２０２２年になると、全国の生産緑地の約８割が、所有者の意思により行為制限の解除ができ、開発可能な土地になりうるということになります。

これが２０２２年問題です。

■2022年問題はあらゆる土地問題を引き起こす

何も手を打たずに、２０２２年に全国の生産緑地の約8割が指定告示から30年目を迎えると、多くの都市農地を喪失してしまうのではないかといった懸念があります。

それのみならず、例えば、開発が一斉に行なわれることによって地価の暴落、生活環境の悪化、都市政策の無コントロール化を引き起こし、さらに一定の規制が外れることによって都市農地が施策の対象等から除外されてしまうのではないかといったことが懸念されていました。

（2）特定生産緑地制度をどう活かすか

■2022年問題の解決のために創設された制度

国土交通省では、都市農地を都市のなかに「あるべきもの」として位置づけました。そしてこの2022年問題を解決すべく、今後とも生産緑地を保全していくという国の方針転換を受けて、生産緑地法を一部改正して「特定生産緑地制度」を創設し、2018（平成30）年4月1日に施行しました。

特定生産緑地制度とは、所有者等の申請により、生産緑地指定告示から30年目を迎える前に、買取申出をする期限を10年ごとに延長する制度です（第一種生産緑地は対象外）。つまり、生産緑地の所有者は、指定告示から30年目を迎える前に、今の制度の適用を10年延長するかどうかの判断をしなくてはならないということです。

都市農業者は、再び選択を迫られることになりました。

■特定生産緑地を選択しないと大きなデメリット

では、特定生産緑地を選択したときに、生産緑地はどのようになるのでしょうか。

特定生産緑地は現行の制度が継続するということですので、現在の生産緑地との制度上の変更はまったくありません。ただし、以後10年ごとに、再び特定生産緑地を継続するかどうかの選択を行なうことになります。

特定生産緑地を選択しなかった場合は、現在の生産緑地がそのまま指定告示から30年を経過することになるため、30年経過日（以後申出基準日といいます）以降は、いつでも市町村長に買取申出の申請ができるということになります。それはいつでも宅地等への転用が可能になるということです。

一方で、税制のメリットが享受できなくなります。

①特定生産緑地を選択しないと、固定資産税等が段階的に引き上げられ、5年後には宅地化農地と同額の課税となる。

②さらに1991年1月1日現在で三大都市圏の特定市の市街化区域の農地では、新たに相続が発生

したとき、その相続人は相続税納税猶予制度の適用を受けることができない。
こうして、特定生産緑地を選択しなかった農地には大きな税負担がかかることのみならず、次世代の農業継続の選択肢を狭めてしまうといったことになります。

特定生産緑地に指定するとこれまでの制度が継続します。

特定生産緑地に指定しないと農地の固定資産税等は宅地化農地（生産緑地に指定していない市街化区域の農地＝宅地なみ課税）と同様の課税評価額になり（税負担の激変を緩和する５年間の負担調整措置あり）、新たに相続税納税猶予制度の適用が受けられなくなります（一部地域を除く）。

※平成５年以降に生産緑地の追加指定をした所有農地も指定から30年を経過する前に特定生産緑地の指定が必要です。所有するそれぞれの筆の生産緑地がいつ指定を受けたかについては生産緑地のある区市の都市計画担当課等までお問い合わせください。

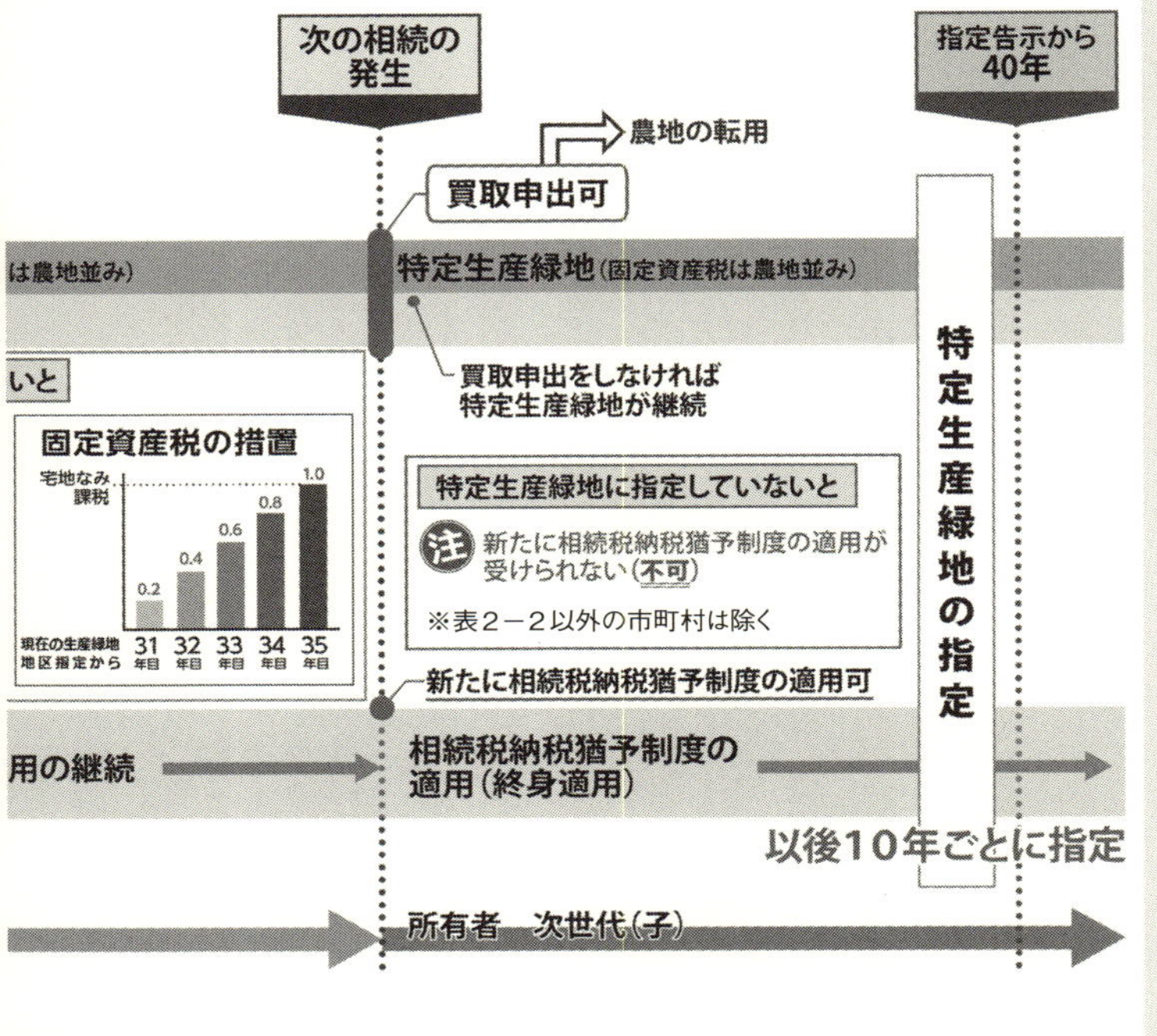

▶第１種生産緑地は、本改正の対象となっていないことから現行制度からの変更はなし
事由を問わずいつでも生産緑地の買取申出が可能
相続の際は相続税納税猶予制度の適用が可

緑地制度の概要

生産緑地指定30年経過前に「特定生産緑地」に指定することが要件

2022年問題等の対応に国土交通省は、買取申出の開始時期を10年延長する「特定生産緑地制度」を生産緑地法に創設しました。特定生産緑地は現在の生産緑地の指定から30年を経過する前に指定することが要件です。

特定生産緑地指定の例（平成４年10月指定告示の場合）

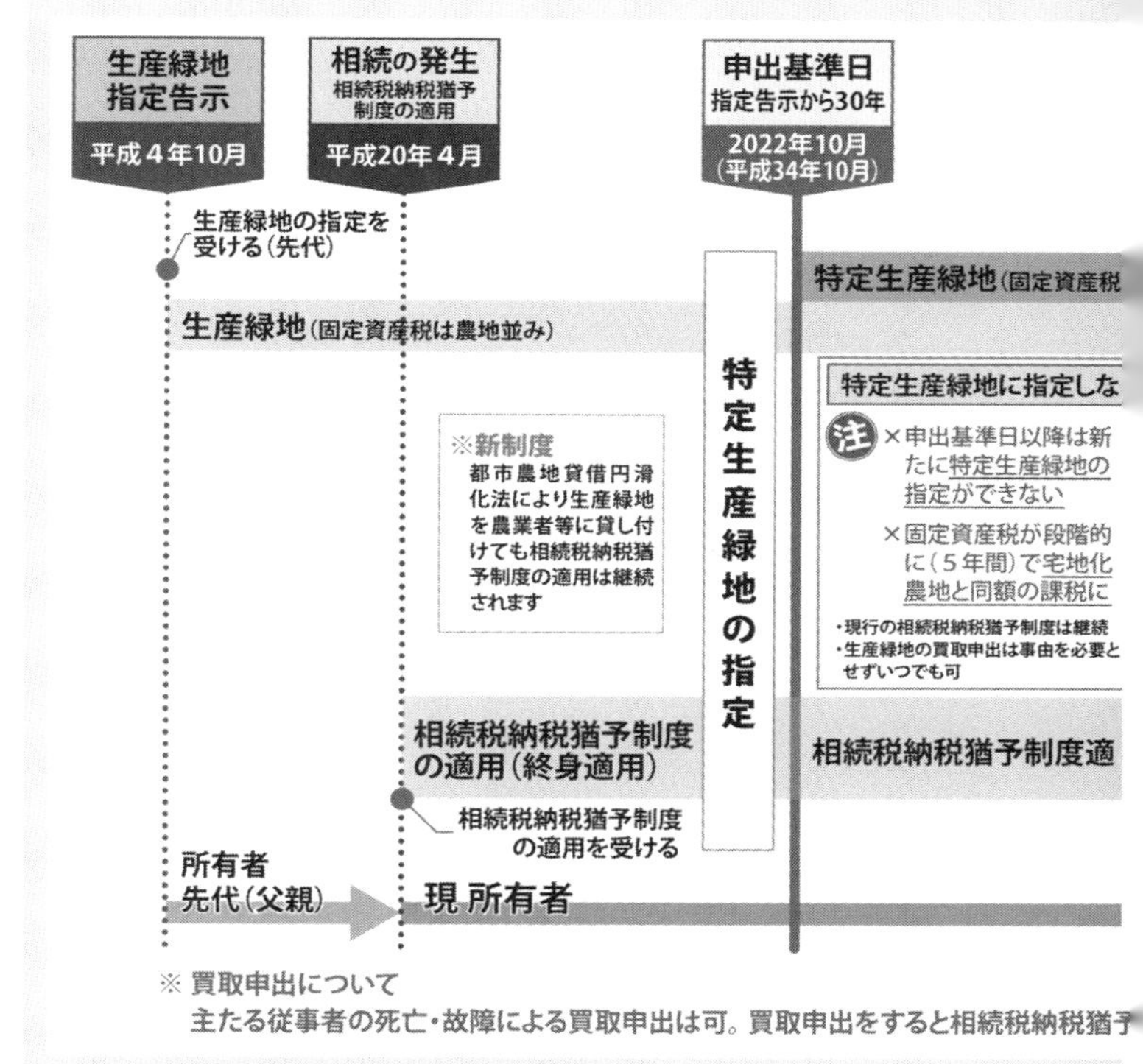

▶宅地化農地を生産緑地に追加指定する場合
今後とも指定（告示）から30年後に買取申出が可能となる現行制度を適用

図２－５　特定生産

出典：東京都農業会議「ぜひ知ってください特定生産緑地制度！」より

■30年経つ前に特定生産緑地の指定を受ける

特定生産緑地には、指定に関して大きな留意点があります。

最大の留意点は、指定告示から30年の日（申出基準日）を迎える前に、「特定生産緑地」の指定をしなくてはならないという点です。

現在の生産緑地から特定生産緑地への移行継続は自動更新ではありません。指定から30年目を迎える申出基準日前に、市町村に、必ず「特定生産緑地に指定する」という所有者等からの申請が必要となります。つまり、申出基準日前に、申請をしないと、以後特定生産緑地には指定ができないということです。指定告示から30年を経過し、申請を忘れていたので申請したいといっても、それはできないのです。

さらに付け加えると、指定告示より30年を経過した生産緑地では、現行制度である30年の生産緑地の適用を受けることもできません。つまりそれ以後、税制のメリットを受けることができなくなるということです。

これは、特定生産緑地に指定しなかったとしても、買取申出をしない限りは、生産緑地の指定は解除されていないという制度上の理屈からです。いったん生産緑地の行為制限の解除をし、新たに追加指定を受けることは可能です。ただしその場合、相続税納税猶予制度適用緑地は制度が打ち切られる可能性があります。

さらに、特定生産緑地の指定の申請を受け付けた市町村では、指定にあたり、

①市町村の都市計画審議会の決定を経る。

②相続税納税猶予制度の適用を受けている生産緑地については、市町村で税務署に指定の同意を得る。

などといった手続きが必要になるため、特定生産緑地指定の最終的な受付は、申出基準日よりだいぶ前になることが想定できます。

また、特定生産緑地指定の申請には、農地等利害関係人の同意が必要です。例えば、共有地であれば、必ず共有者全員の同意が必要となるので注意が必要です。

▩生産緑地法と相続税納税猶予制度を混同しない

都市農地は様々な制度が複雑に絡み合っていることから、生産緑地を所有している農業者のなかには、生産緑地と相続税納税猶予制度適用農地を混同している人がいます。

あらためて強調しますが、これはそれぞれ違う制度です。

生産緑地を相続するときに、相続税納税猶予制度の適用を受けると、その生産緑地を終生営農しなくてはならないという約束が強く印象に残り、「あらためて

10年続けるという特定生産緑地制度の指定など必要はないだろう」と思い込んでいる人が少なからずいるのではないかということです。

また、このように三大都市圏の特定市の生産緑地の相続税納税猶予制度適用農地の多くは終生適用となっています。所有者が一生涯農地として維持していくつもりで適用を受けたのですから、特定生産緑地の指定を受け、今後とも固定資産税の減免等の税制のメリットを継続させていくことが賢明な選択といえるのではないでしょうか。

「特定生産緑地制度を知らず指定を受けることができなかった」という人をひとりもつくらないため、市町村や農業者、農業団体や関係者が連携し、「対象者全員が必ず特定生産緑地とは何か」を知るための対策を進めることが不可欠です。

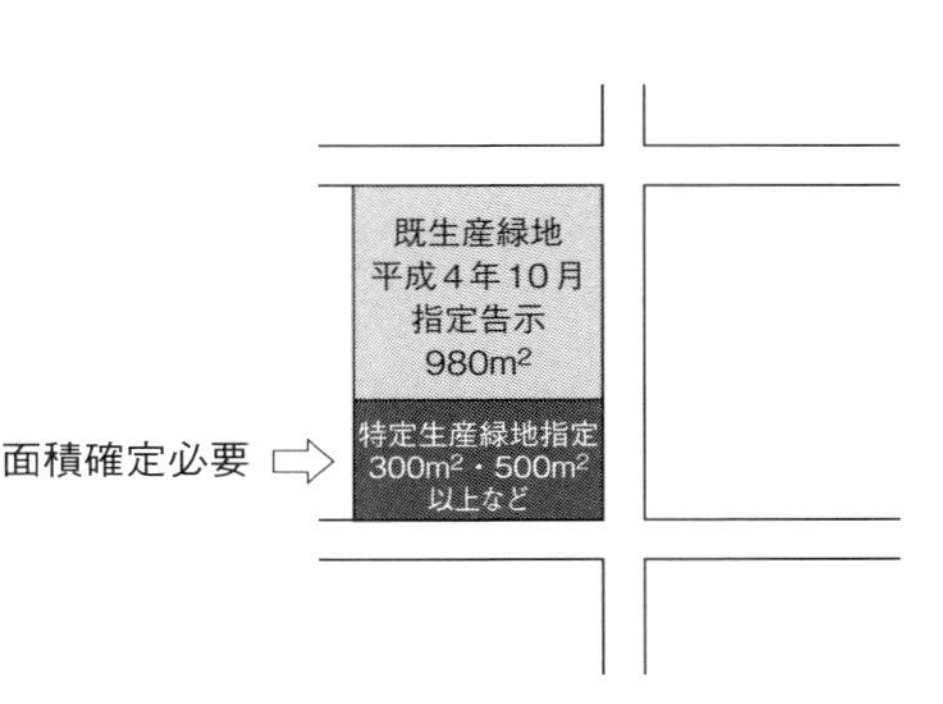

図2－6　特定生産緑地は一筆のうち一部の指定が可能（下限面積要件等を満たす必要あり）

■所有する生産緑地の状況を把握し家族会議を！

そして、２０２２年に指定告示から30年を迎える生産緑地の所有者は、

①所有する生産緑地のすべての筆について、いつ指定を受けたのか、市町村の都市計画関係課等で確認をする（指定告示から30年を経過する年は２０２２年だけとは限らない）。

②所有する生産緑地のすべての筆について、相続税納税猶予制度の適用を受けているかどうかを、市町村の農業委員会もしくは税務署で確認をする。

③共有地などの農地利害関係人の同意を得る必要のある生産緑地を所有しているか、あらためて登記

事項証明書等で確認をする。

ことで、自分の家の生産緑地の状況を正確に把握する必要があります。その上で、今後生産緑地をどのようにしていくのか、もちろん次世代に大きく影響することですので、早めに家族で話しあって、検討していくことが将来に向けた本当の対策になります。

なお、特定生産緑地は今の生活緑地の一筆のうち一部を指定することも可能となっています（図2—6）。

(3) 相続税納税猶予制度等の改正

2017年6月15日に生産緑地法の一部改正が施行された後、次に「平成30年度税制改正大綱」が2017年末に公表され、都市農地の継続に欠かせないもうひとつの制度である相続税納税猶予制度の改正が示されました。

■都市農地貸借円滑化法で貸借する生産緑地も相続税納税猶予制度の対象に

従来は相続税納税猶予制度の適用者が営農困難になったときにのみ市街化区域の相続税納税猶予制度適用農地を貸すことができたものを、

①都市農地貸借円滑化法により相続税納税猶予制度の適用を受けている生産緑地を貸借しても相続税納税猶予制度が継続する。

②都市農地貸借円滑化法により貸し付けていた生産緑地の所有者（貸付者）に相続があった場合に、その相続人は貸し付けたまま相続税納税猶予制度の適用を受けることが可能。

③市民農園用地として貸し付けている生産緑地にも①と②と同様の措置を講ずる。

との税制の改正の方針が示されました。

さらに、

④都市農地貸借円滑化法が施行された日（2018年9月1日）以降の相続から、生産緑地に相続税納税猶予制度を適用する場合は適用期限をすべて終生適用とする。

との改正をし、また、田園住居地域の創設を受けて、

⑤田園住居地域内の宅地化農地について、固定資産税・都市計画税の減額措置を講じるとともに、相続税納税猶予制度の対象農地とする。

⑥農地法の改正により創設された農作物栽培高度化施設（コンクリート等で覆われた農作物の栽培施設の敷地等）について、相続税等納税猶予制度等の適用が受けられる農地とする。

など、都市農地に関係の深い税制が大きく改正されました。

■相続税納税猶予制度とは

それでは、生産緑地制度と並んで都市農地に欠かせないもう一つの制度である相続税納税猶予制度とはどのような制度で、これまで何が課題であって、どのような改正がされたのでしょうか。

相続税納税猶予制度は、先述したように、被相続人（故人）から相続する農地を相続人（子供など）が期限まで農地として維持することを要件に、その農地の相続税評価額を農業投資価格とみなし、本制度の適用を受けないときの相続税額との差額を猶予するという制度です。

差額の猶予税額については、通常、農地等に財務省の抵当権が設定され、登記事項証明書に表記されることになります。

農業投資価格は、毎年、国税局のホームページにて都道府県等ごとに公表されますが、例えば、２０１９年の東京都内の農地の農業投資価格は、10ａ（１０００m^2）当たり畑が84万円、水田が90万円とされています。相続する農地の相続税評価額が農業投資価格以下であれば、その農地の相続人は本制度の適用を受ける意味がありません。したがって、本制度の適用を受ける農地のほとんどは地価が高い都市農地ということになります。

相続税納税猶予制度を適用した場合と適用しない場合の相続税のシミュレーションは、第5章で詳細に分析しています。

■市街化区域で制度の適用を受けるための主な要件

市街化区域の農地で相続税納税猶予制度の適用を受けるためには、

①相続する農地
②被相続人（先代）
③相続人

の要件をそれぞれ満たす必要があります。

相続する農地（市街化区域）

遺産分割がされている（その農地の相続人が確定している）ことを必須要件に、

①農地法上の農地であること。

②１９９１年１月１日現在で３大都市圏の特定市の市街化区域の農地では生産緑地であること。（以後、都市営農農地という）

と規定され、２０１８年９月１日に都市農地貸借円滑化法が施行されたことにより、

①同法で貸借している生産緑地

②市民農園の用地として貸借している生産緑地

も対象となりました。

被相続人（市街化区域）

死亡の日までその農地で農業を営んでいた人と規定されています（都市農地貸借円滑化法等により貸し付けている生産緑地を除く）。

ただし、自作の場合、通常被相続人が死亡する日まで農業を営むことは困難であることから、家族等でその農地を適正に耕作していればよいということになっています。

相続人（市街化区域）

相続税の申告期限（相続開始より10ヵ月）までに、相続により取得した農地で農業経営を開始し（都市農地貸借円滑化法等により貸し付けている農地を除く）、その後も引き続き農業経営を行なうと認められる相続人であると規定されています（相続人は農業委員会で適格者証明を得ることが必要）。

■適用期限

相続税納税猶予制度には適用の期限20年の場合とそれ以外（終生）の場合があります。

適用期限が20年の場合

①１９９１年１月１日現在の三大都市圏の特定市以外の市街化区域の農地（２０１８年９月１日以降に相続した生産緑地を除く）

②２００９年12月14日以前の相続により相続税納税猶予制度の適用を受けた市街化区域以外の農地

適用期限が終生の場合

適用期限が20年以外の農地となります。

市街化区域で相続税納税猶予制度適用農地は貸借ができなかった

特に、２０１８年8月31日まで生産緑地で相続税納税猶予制度適用農地（以下、特例農地という）は、その多くが終生の適用となっているにもかかわらず、営農困難時貸付け以外の貸借はできませんでした。

さらに生産緑地の営農困難時貸付けは、

①疾病等が特定されている。

②貸借の手続きは農地法に限られている。

③貸借中に貸付者（所有者）の相続が発生したときは、借受人より生産緑地の返還を受け、申告期限までにその相続人が農業を開始しなくてならない。

④貸付者（所有者）に相続が発生した際に、借受人から生産緑地の返還を受けても、主たる従事者は借受人であるため、その相続人は生産緑地の行為制限を解除できない。

などの制度上のデメリットがあり、現実的に生産緑地で営農困難時制度を活用する人はほとんどありませんでした。

そのため、制度適用者が何らかの事由で耕作が困難となったときは、家族等で特例農地を耕作し維持し続けていました。このような状況が四半世紀以上も続き、２０１８年9月1日より、現実的に生産緑地の貸借ができるようになったのです。

■相続税納税猶予継続のための要件

特例農地であり続けるためには、継続のための要件を満たさなくてはなりません。その要件を満たせなくなったときは、制度の打ち切り（期限の確定）となり、原則2ヵ月以内に税務署に猶予税額と利子税を納めなくてはなりません。

相続税納税猶予制度を継続するための主な要件は、

①都市営農農地では生産緑地であること。

②貸借は、生産緑地であれば都市農地貸借円滑化法によるものに限定。

③所有権移転（売買等）は原則不可（例外あり）。

④農地以外への転用は農業用施設等に限定。

⑤特例農地を不耕作等としない。

これらの要件を満たし続けることで、制度が継続することになります。

（4）都市農地貸借円滑化法の創設と施行

税制の改正により相続税納税猶予制度適用農地の貸借が可能になり、都市農地貸借円滑化法が２０１８年９月１日に施行されました。

■農地の賃貸借に農地法は馴染まない？

農地の貸借には、原則法律上の手続きが必要です。これまで市街化区域の農地の貸借は農地法によるものに限られていました。

市街化区域以外で農地の貸借に活用されている主な制度は、農業経営基盤強化促進法、農地中間管理事業法であり、市街化区域はその制度の対象から外されています。

農地法による貸借は、同法３条に規定した許可を得ることになります。その許可要件の一つに、借受人は下限面積要件を満たすこと（例えば、借りた後の経営農地面積は最低計５０００m^2以上であること）などがあり、さらに、賃貸借（有償貸借）の場合は、更新が原則です。そこで、「貸したら返ってこない」という認識が農業者の間に浸透しています。加えて、賃貸借を解約するためには、例外を除き、同法18条の都道府県知事等の許可か、賃借人との合意が必要となります。

なお、使用貸借（無償貸借）では、これらの適用はありません。

そのため、農林水産省は、農地法での貸借のデメリットを解消するために、生産緑地のみを対象とした都市農地貸借円滑化法を創設したのです。

このことから、都市農地貸借円滑化法による貸借は、農業経営基盤強化促進法や農地中間管理事業法と同様に、下限面積要件の適用はなく、賃貸借（有償貸借）であっても、賃貸借期間が終了したら、必ず所有者に農地が返還される仕組みとなっています。

■都市農地貸借円滑化法の仕組み

貸借の手続き

都市農地貸借円滑化法により生産緑地を借り受けようとする者は、市町村長に事業計画の認定を申請します（認定を受けるためには要件を満たす必要があります）。

市区町村長は、農業委員会による計画決定を経て、その事業計画を認定し、申請者の貸借がスタートすることになります（図２―７）。

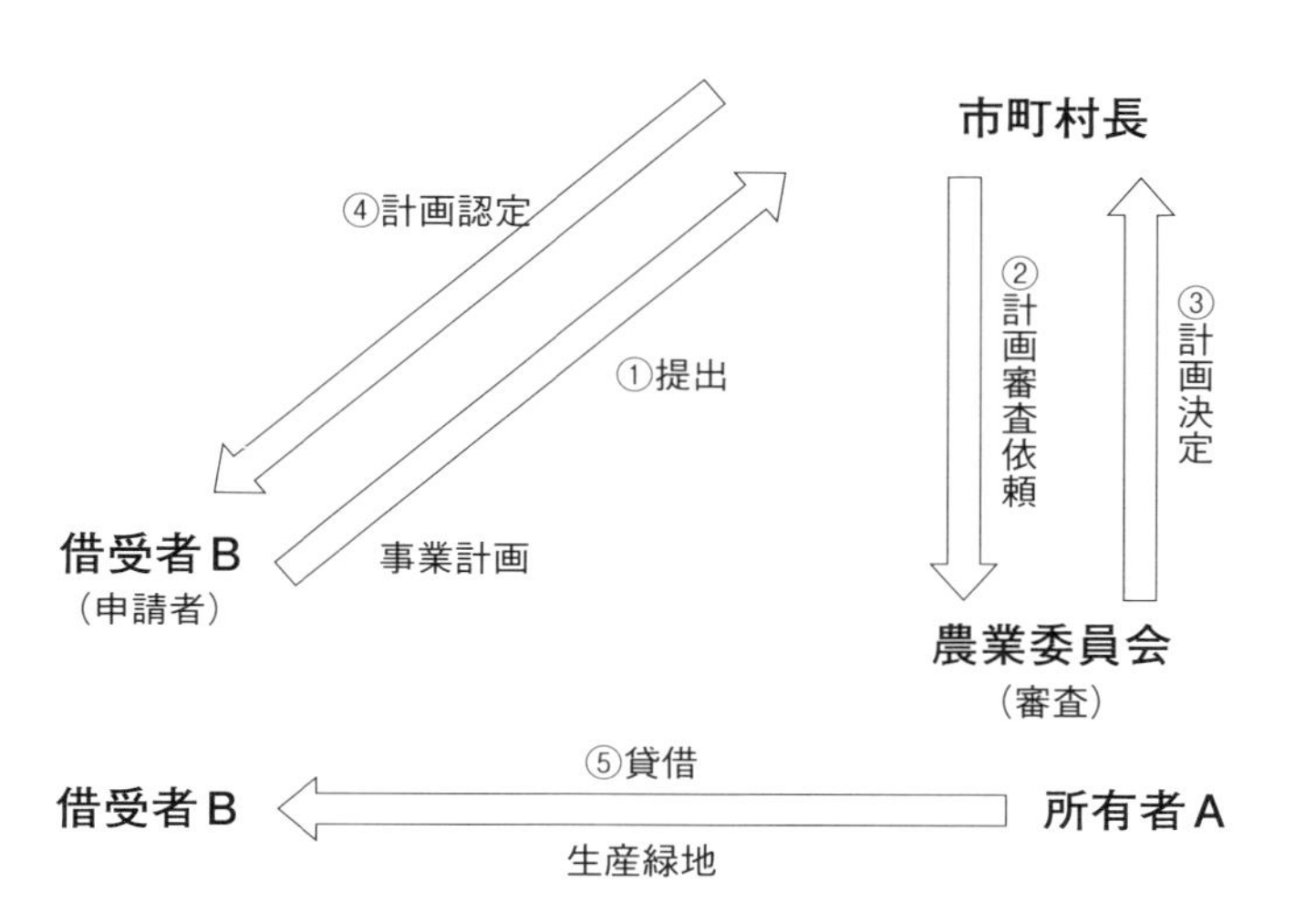

図２―７　都市農地貸借円滑化法による貸借の手続き

事業計画認定の要件

事業計画の認定を受けるためには借受者ごとに表２―４の要件をすべて満たすことが必要です。

貸借後の要件

認定を受け生産緑地を借り受けた者は、毎事業年度３ヵ月以内にその生産緑地の利用状況について市町村長に報告することが義務づけられます。

なお、認定事業者が事業計画に従って耕作していないときは、市町村長が是正の勧告をし、勧告に従わないときなどは貸借の認定が取り消されることがあります。

■都市農地貸借円滑化法による貸借の留意点

都市農地貸借円滑化法による貸借は、貸付者（所有者）の相続を考慮すると、特に留意すべき点があります。

有償の賃貸借か無償の使用貸借か

貸借について、賃貸借（有償貸借）か使用貸借（無償貸借）にするかについては、当事者間で定めることになりますが、

表2－4　事業計画認定の要件と基準

事業計画認定の要件	農協・地方公共団体	農業者	企業等
1　都市農業の有する機能の発揮に特に資する基準に適合する方法により、都市農地において耕作の事業を行なう	○	○	○
2　周辺地域における農地の農業上の効率的かつ総合的な利用の確保に支障を生ずるおそれがないか		○	○
3　耕作の事業の用に供すべき農地のすべてを効率的に利用するか		○	○
4　申請者が事業計画どおりに耕作していない場合の解除条件が、書面による契約で付されているか			○
5　地域の他の農業者との適切な役割分担の下に継続的かつ安定的に農業経営を行なうか			○
6　法人の場合は、業務執行役員等のうち一人以上が耕作の事業に常時従事するか			○

注：1は本法独自の要件、２～６は農地法と同等の要件

事業計画認定の要件１を満たす基準（次の1、2のいずれにも該当すること）		備考
1	次のイからハまでのいずれかに該当すること	基準の運用にあたっては、農業者の意欲や自主性を尊重し、地域の実情に応じた多様な取り組みを行なうことができるように配慮が必要
	イ：申請者が、申請都市農地（*）において生産された農産物または当該農産物を原材料として製造され、もしくは加工された物品を、主として当該申請都市農地が所在する市町村の区域内もしくは、これに隣接する市町村の区域内または都市計画区域内において販売すると認められること	「主として」とは、金額ベースまたは数量ベースでおおむね５割を想定
	ロ：申請者が、申請都市農地において次に掲げるいずれかの取り組みを実施すると認められること ①都市住民に農作業を体験させる取り組み、並びに申請者と都市住民及び都市住民相互の交流を図るための取り組み ②都市農業の振興に関し必要な調査研究または農業者の育成及び確保に関する取り組み	①は、いわゆる農業体験農園、学童農園、福祉農園及び観光農園等の取り組みを想定 ②は、都市農地を試験圃や研修の場に用いること等を想定（区市・JA等）
	ハ：申請者が、申請都市農地において生産された農産物または当該農産物を原材料として製造され、もしくは加工された物品を販売すると認められ、かつ、次に掲げる要件のいずれかに該当すること ①申請都市農地を災害発生時に一時的な避難場所として提供すること、申請都市農地において生産された農産物を災害発生時に優先的に提供すること、その他の防災協力に関するものと認められる事項を内容とする協定を地方公共団体その他の者と締結すること ②申請都市農地において、耕土の流出の防止を図ること、化学的に合成された農薬の使用を減少させる栽培方法を選択すること、その他の国土及び環境の保全に資する取り組みを実施すると認められること ③申請都市農地において、その地域の特性に応じた作物を導入すること、先進的な栽培方法を選択すること、その他の都市農業の振興を図るのにふさわしい農産物の生産を行なうと認められること	①は、農地所有者が防災協力農地として協定を結んでおりその農地で借り手も同様の協定を締結することを想定 ②は、耕土の流出や農薬の飛散防止等を行なう取り組み（防風・防薬ネットの設置等）、無農薬・減農薬栽培の取り組み等を想定 ③は、自治体や普及センター等が奨励する作物や伝統的な特産物等を導入する取り組み、高収益・高品質の栽培技術を取り入れる取り組み、少量多品種の栽培の取り組み等のほか、従来栽培されていない新たな品種や作物の導入等の地域農業が脚光を浴びる契機となり得る取り組みを想定 （都市農業のPRに資するような幅広い取り組みを認めることが可能）
2	申請者が、申請都市農地の周辺の生活環境と調和のとれた当該申請都市農地の利用を確保すると認められること	農産物残さや農業資材を放置しないこと、適切に除草すること等を想定

出典：農林水産省のホームページより

注：*「申請都市農地」とは、事業計画の認定の申請にかかる都市農地をいう

①賃貸借（有償貸借）の場合は、貸借の期間が終了すれば貸し付けていた生産緑地は当然、所有者に返還されます。ただし、例えば、所有者が相続の発生を危惧し「貸借期間中に所有者に相続が発生したときは契約を終了し生産緑地を返還する」といった契約を賃借人と結ぶことはできません。また貸借期間中に賃借人が死亡した場合に、その相続人（後継者等）が貸借期間終了までは耕作を継続することができます。

ただし、貸借期間中であっても、賃借人の同意を得れば、貸し付けていた生産緑地の返還を受けることは可能です。

②使用貸借（無償貸借）では「所有者に相続が発生したときに貸借を終了する」といった契約が可能で、貸借期間中に借受者が死亡した場合はその時点で貸借は終了となります。

このため、いつ起こるかわからない所有者の相続に備え、東京都内では、使用貸借による貸借の件数が多くなっています（2019年7月現在）。

所有者が亡くなり相続が発生したときに都市農地貸借円滑化法による生産緑地の貸付けは、その相続人が、

①貸し付けたまま相続税納税猶予制度の適用を受ける。

②生産緑地の返還を受け、被相続人（所有者）が「主たる従事者」であったことを事由に市町村に買取申出をして行為制限を解除する。

という選択が可能になります。

特に、②のケースについて考えたときに、借受者から確実に生産緑地が相続人に返還されることが大きなポイントになります。

その意味では使用貸借がベターとも考えられます。

他方、使用貸借は、借受者にとって、いつ生産緑地を返還することになるのかわからず、長期的な耕作の計画がたたないといったことがあります。

ですから、賃貸借か使用貸借かまた貸借の期間等については、当事者間でしっかりと話し合い、合意することが大切です。

貸付者（所有者）が「主たる従事者」であるために

生産緑地の所有者が相続時に備え、貸し付けてもその生産緑地の「主たる従事者」であると認められるには、

事業計画に借受者の農作業に1割程度従事する内容を記載することになります（契約書に記載も可）。貸借後は、実際に農作業に従事をし、借受者が貸付者（所有者）の従事状況を報告書に記載をし、市町村長に毎年提出します。

想定される貸付者の業務としては、貸し付けた生産緑地や共同施設の管理や整備、借受者への技術的助言、農閑期の環境整備、周辺住民との調整や借受者が実施する農業体験等の取り組みの手助けなどが考えられます。

しっかりと貸借期間の把握を

農業経営基盤強化促進法や農地中間管理事業法による貸借と異なり、都市農地貸借円滑化法は個人間の貸借であり、原則、市町村から貸借期間が終了する旨の通知等はありません。知らずに貸借期間を過ぎて貸借を続けていると、無断の貸借になるのみならず、相続税納税猶予制度適用農地では、期限の確定（打ち切り）となります。

当事者間で貸借期間をしっかりと把握しておくことが重要です。

税務署への届出（相続税納税猶予制度適用農地）

相続税納税猶予制度適用農地を貸借したときは、市区町村長の証明書等を添付し、税務署へ貸し付けた旨の届出が必要となります。

■営農困難時貸付けと都市農地貸借円滑化法による貸付けの違い

相続税納税猶予制度適用農地の貸借としてこれまで「営農困難時貸付け」がありましたが、全国的にこの制度を活用する人はほとんどありませんでした。

営農困難時貸付けと都市農地貸借円滑化法による貸付けの違いを図式化しました（図2―8）。

①貸借にあたっては営農困難時貸付けと異なり事由を必要としない。

②貸借は農地法ではなく、都市農地貸借円滑化法の活用が可能。

③貸し付けたまま相続人は相続税納税猶予制度の適用を受けることが可能。

④貸付者であった被相続人が主たる従事者となり得ることから、相続人が農地の返還を受け、生産緑

〈現状〉

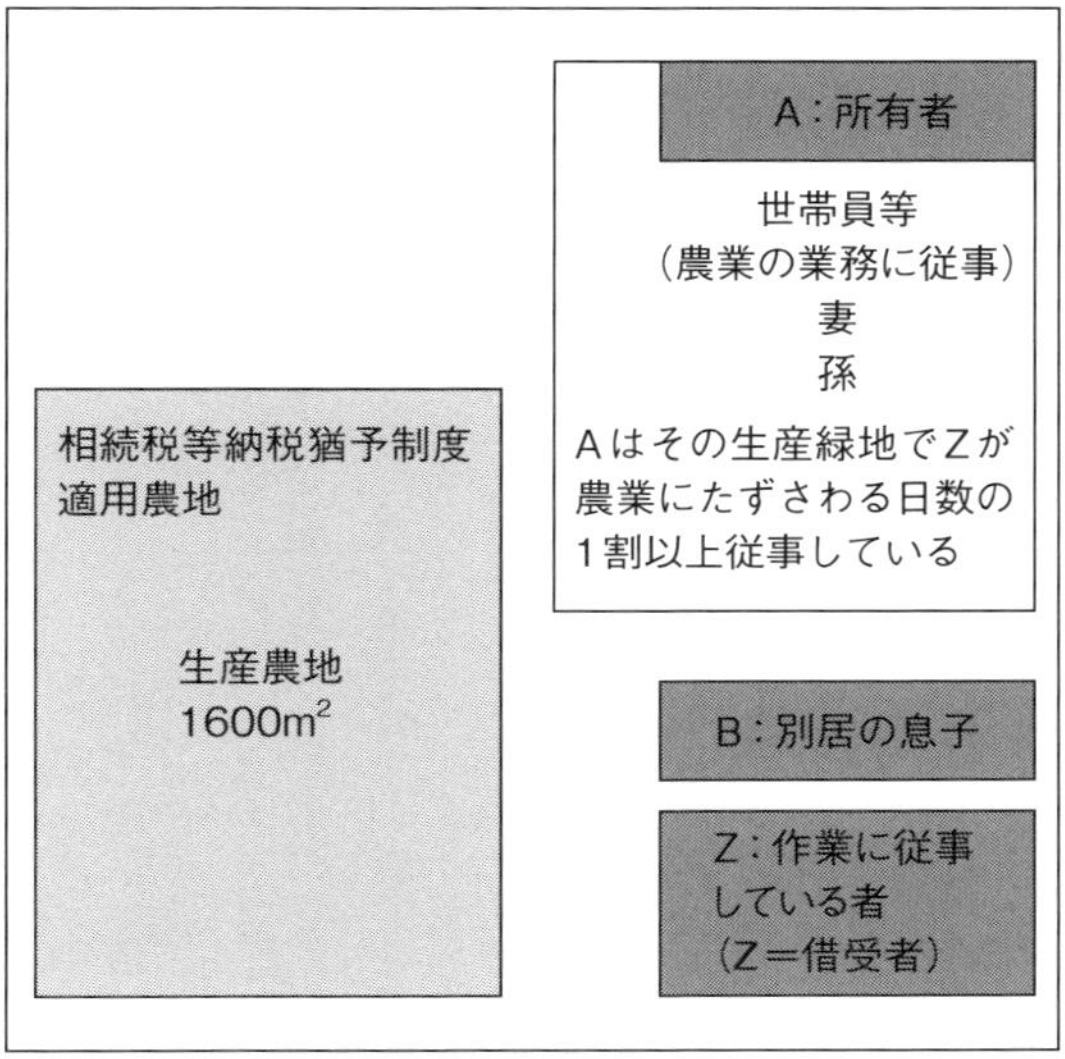

	Aが元気な場合	Aが対象の疾病を患った場合	Aが死亡しBが相続した場合
「営農困難時貸付け」の場合	Zには貸せない	農地法3条による「営農困難時貸付け」を実行	・Zから生産緑地の返還を受けることが必要 ・主たる従事者はZのため、市町村に生産緑地の買取申出ができない ・相続後、BはZからすみやかに農地返還を受け農業を開始し、農業委員会から適格者証明を受け相続税納税猶予制度を受けることが可能（相続税申告は死亡から10ヵ月以内）
「都市農地貸借円滑化法」による生産緑地の場合	Zにいつでも貸せる。営農困難時である必要はない。Aは相続税納税猶予制度を継続できる	Zにいつでも貸せる。営農困難時である必要はない。Aは相続税納税猶予制度を継続できる	・Zが耕作を継続してもBは相続税猶予制度を受けられる ・BはAが主たる従事者に該当することからZから生産緑地の返還を受ければ買取申出ができる

図2－8　「営農困難時貸付け」と「都市農地貸借円滑化法」による生産緑地の貸借の比較

地の買取申出をすることが可能。

などとなります。

(5) 市民農園用地も相続税納税猶予制度の対象に

税制の改正により、2018年9月1日より市民農園用地として貸借等している生産緑地についても相続税納税猶予制度の適用が可能になりました。

このことにより、相続税納税猶予制度の適用を受けている生産緑地に市民農園の開設が可能になりました。

■市民農園を開設するときの法律上の手続き

市民農園の開設には法律上の手続きが必要です。その手続きは、市民農園の形態等によって、①特定農地貸付法によるもの、②市民農園整備促進法によるもの、③都市農地貸借円滑化法によるもの、の3タイプにわかれます。

また、生産緑地に市民農園を設置する際には、都市農地貸借円滑化法の貸借と同様に、所有者(貸付者)が「主たる従事者」と認められることが重要となるため、そのために所有者は市民農園で一定の農作業等に従事することが必要となります。

A 特定農地貸付法による市民農園の開設

特定農地貸付法はすべての農地を対象とした市民農園を開設するための法律です。

①市町村・農業協同組合が開設するときの手続き

すでにこの手続きにより開設している市民農園が生産緑地にある場合は、あらためて貸付者(所有者)がその市民農園で従事している内容について市町村に提出することが望ましいと考えられます(図2―9)。

②農地所有者自ら開設するときの手続き

相続税納税猶予制度の適用を受けている生産緑地で農地所有者自らが市民農園を開設するときは、市町村と廃止条件付きの貸付協定を締結することが必要です。

すでにこの手続きにより開設している市民農園が生産緑地にある場合は、これまでは市町村と貸付協定は締結しているものの、廃止条件付きとはなっていないため、あらためて廃止条件付きの貸

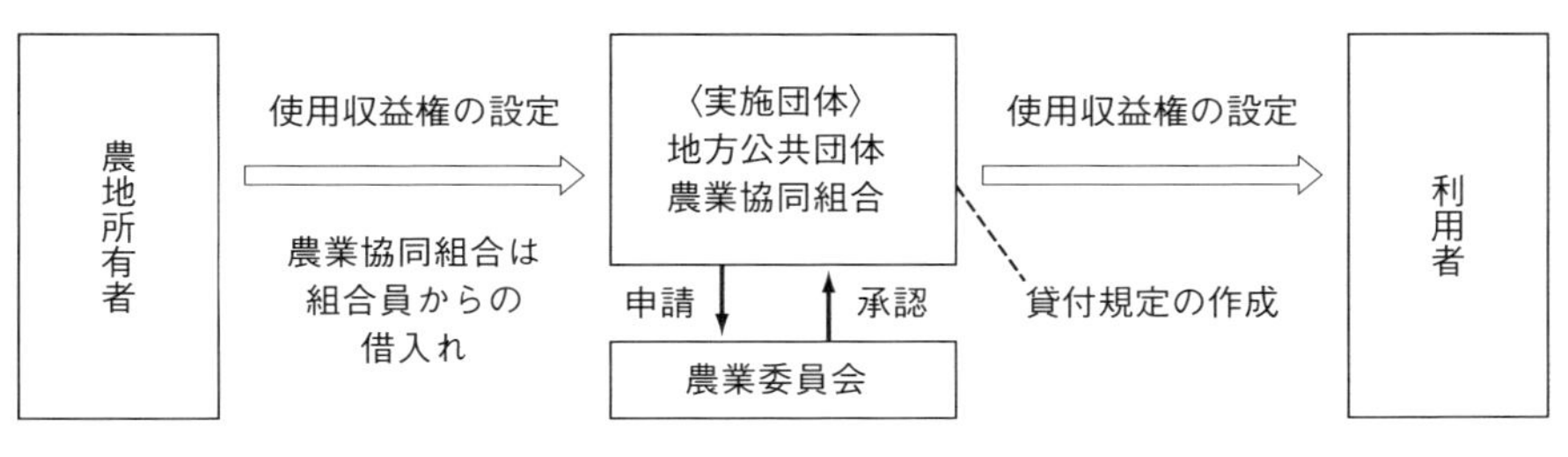

図2－9　特定農地貸付法により市町村・農業協同組合が開設する場合の手続き

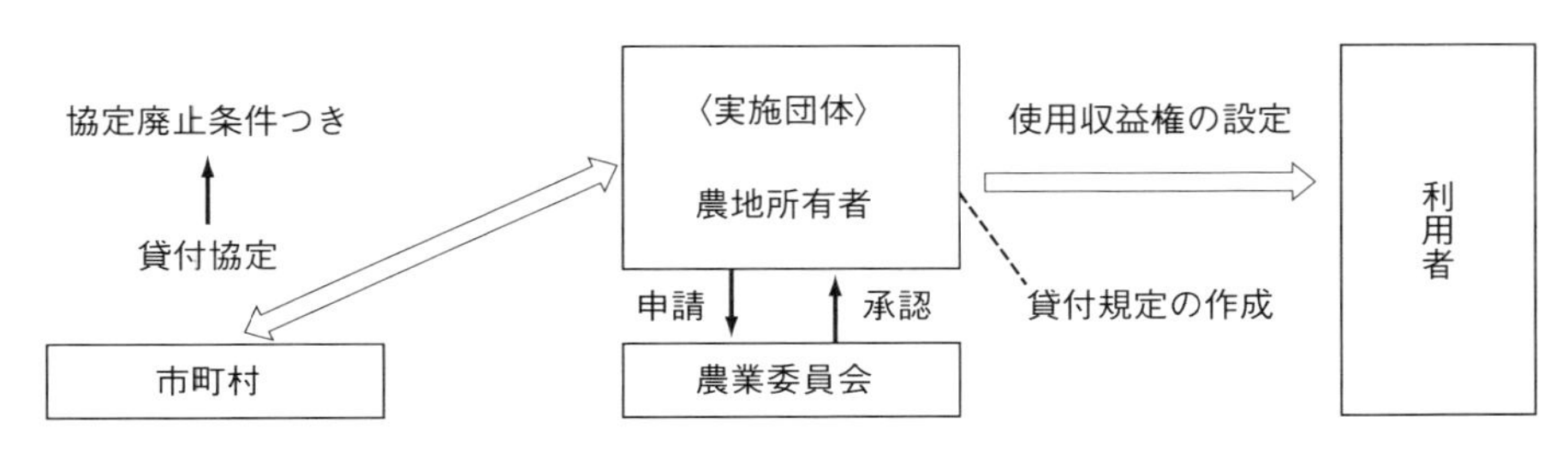

図2－10　特定農地貸付法により生産緑地所有者自らが開設する場合の手続き

付協定を市町村と締結することが望ましいと考えられます（図2－10）。

B　市民農園整備促進法による市民農園の開設

市民農園整備促進法による市民農園の開設は、市民農園区域（市町村で設定）もしくは市街化区域に限られます。

具体的な手続きは、特定農地貸付法による貸付協定の手続きに加え、貸付規定に代わって整備運営計画を作成するというものです。これは、市民農園整備促進法による市民農園は、市民農園施設（休憩所・講習所・クラブハウス等）の設置が同時に行なえるためです。

つまり、ある程度の施設を整備する市民農園を設置するときには、市民農園整備促進法による開設が望ましいということです（図2－11、図2－12）。

C　都市農地貸借円滑化法による特定都市農地貸付け

都市農地貸借円滑化法のなかに、第三者が市民農園を開設するための手続きである特定都市農地貸付けが創設されました。

現在の特定農地貸付法による第三者による市民農園の開設は、所有者から開設者（第三者）への貸付けは、市

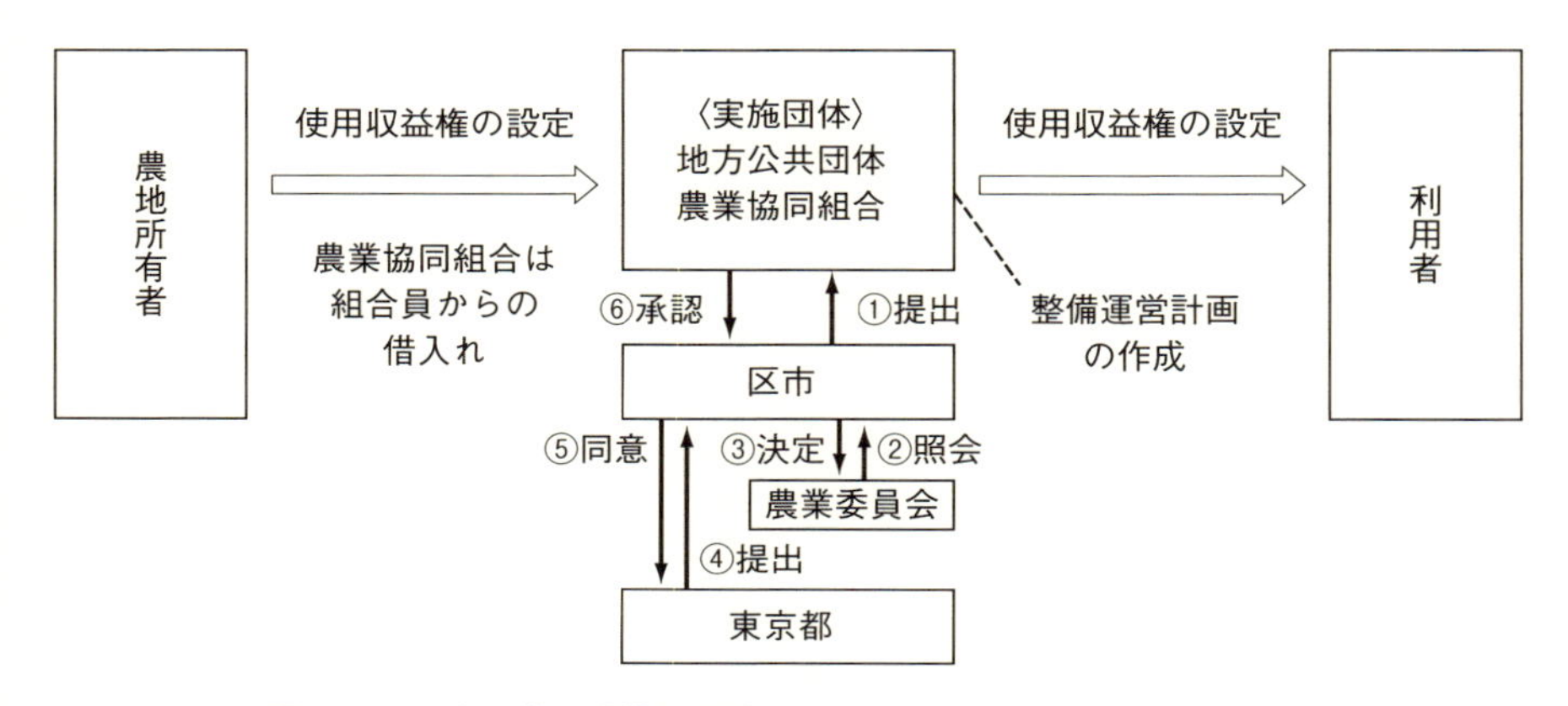

図2－11　市民農園設備促進法により市町村が開設する場合の手続き

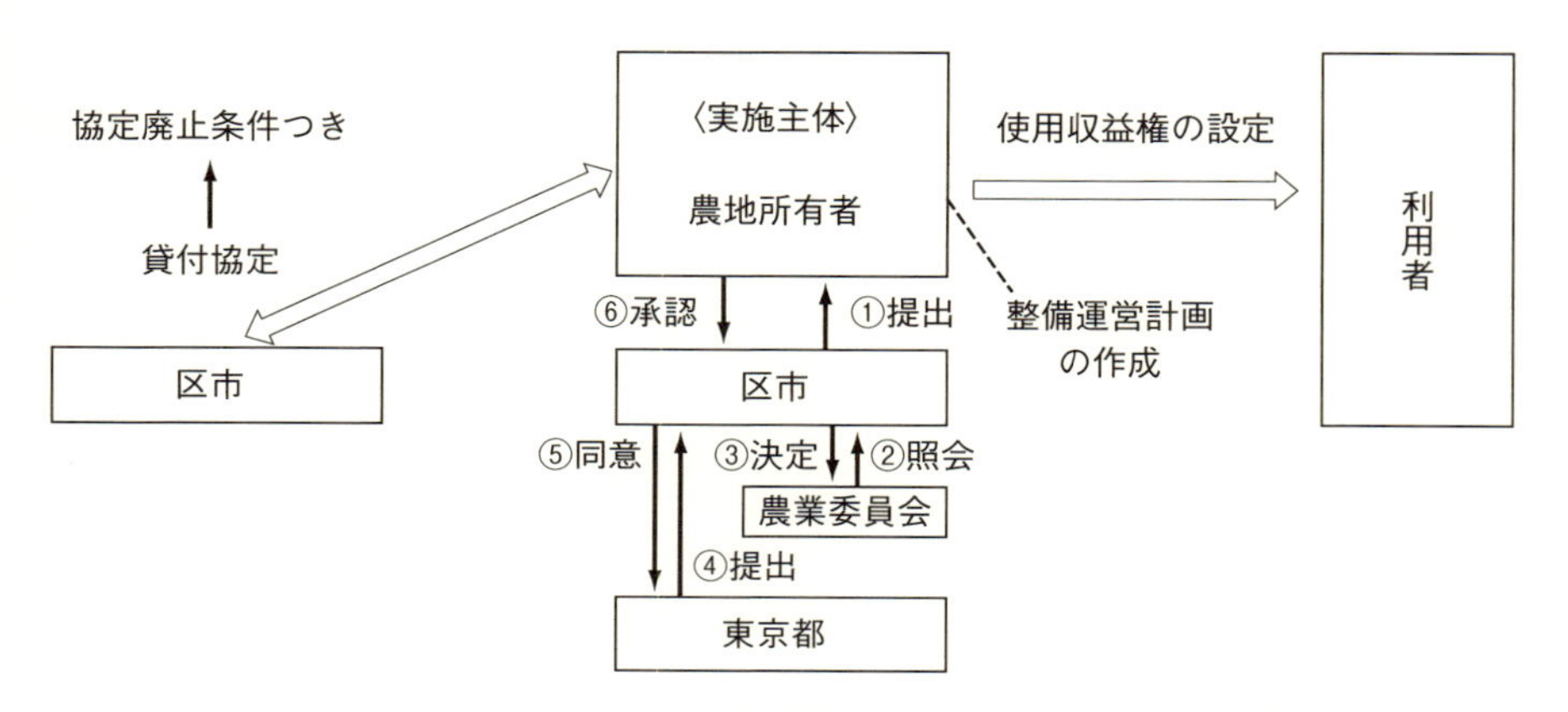

図2－12　市民農園設備促進法により生産緑地所有者自らが開設する場合の手続き
注：図2－11、図2－12とも運営計画の認定を受け市民農園施設を設置するときは、農地転用許可及び届出・開発許可は不要

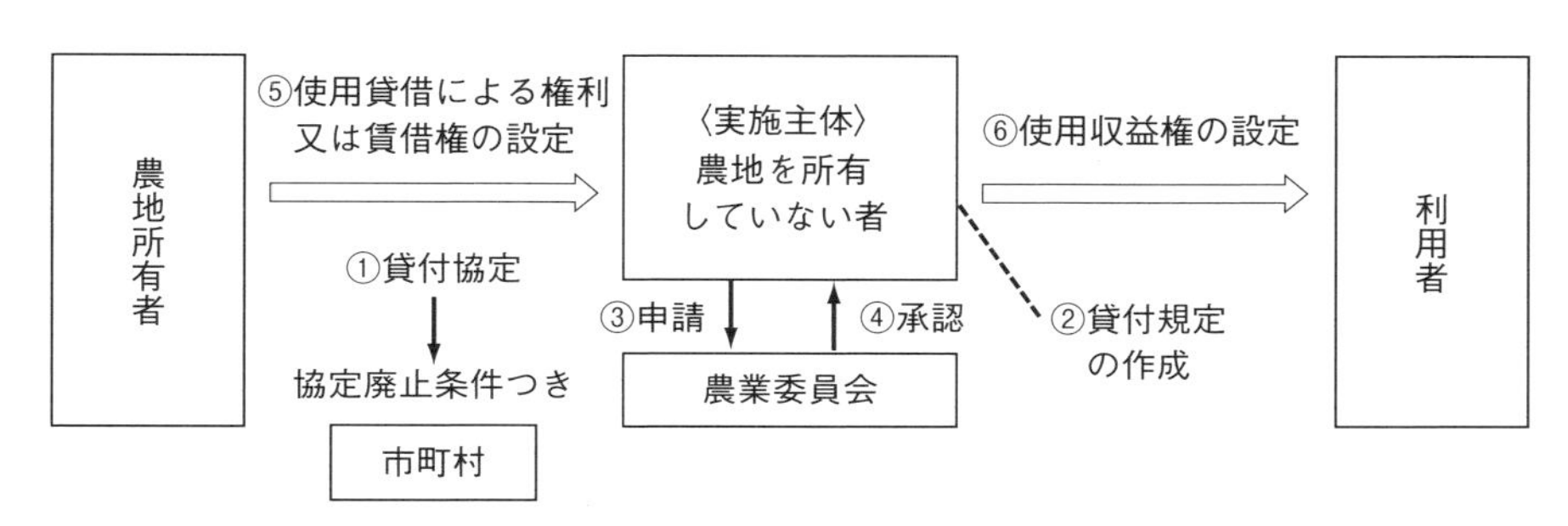

図2－13　特定都市農地貸付けによる第三者による生産緑地での市民農園の開設する場合の手続き

町村や農地中間管理機構を通じて行なうことになっていますが、本法による市民農園は第三者が所有者から直接生産緑地を借り受けることが可能となっています（図2－13）。

(6) 新たな時代を迎えた都市農業

■生産緑地の貸借が都市農業の幅を広げる

多くの生産緑地を喪失してしまうのではないかといわれる2022年問題の解決に向けて、特定生産緑地制度が創設され、都市農業者が再び選択を迫られています。そのなかで、農地は「都市にあるべきもの」とする国の政策の大転換により、生産緑地の貸借が事実上可能になるなど、都市農業は新たな時代を迎えています。

生産緑地の貸借が可能になることにより、はじめて都市農業者は近隣の生産緑地を借りて規模拡大を図ることができるようになります。これまでは、相続により農地を減少せざるを得ない状況でした。都市農業者は収益を減少させないために、集約的に生産ができるように施設化を進めてきました。行政においても、施設化を中心としたハード事業の支援や、貸借ができないことから、市民ボランティアを育成し、労働力不足の農家にボランティアを派遣するといった事業が展開されてきました。

しかし、生産緑地の貸借は、都市農業者にとっても行政にとっても、新たな選択肢を生み出すことになります。

市民農園の税制上の取扱いが改正されたことにより、農業体験農園の園主が、生産緑地に市民農園を併設し、農業体験農園の卒業生を、自ら開設する市民農園に呼び込むということも可能になりました。

生産緑地で新規就農者が誕生

さらに生産緑地での非農家出身者の新規就農がはじめて可能になります。

例えば、東京都内では、市街化調整区域で多くの若者が新規就農をし、自ら選んだ農業の仕事に懸命に従事しています。一方、市街化区域にある生産緑地の周辺には地産地消の農産物を求める多くの住民が居住しています。新たに都内での新規就農を希望する者にとって、生産緑地を借りることが可能になれば、新鮮な農産物がよく売れる環境としてとても魅力的に映ることでしょう。

しかし、生産緑地の貸借は、貸付者に相続が発生すればいつか返還しなくてはならないのではないかといった不安がついてまわります。それを克服できた、20歳代の若者の二つのケースを紹介しましょう。

まず、全国ではじめて生産緑地で新規就農した川名桂さん（27）のケースです。川名さんは、「先祖から受け継いできたこの生産緑地をずっと残したい」という強い思いを持つ平清さん（70）と日野市都市農業振興課の紹介で出会いました。平さんは生産緑地で就農したいと願っていた川名さんの思いをくみ、①30年の賃貸借契約、②賃料は東京都全体の平均額程度といったびっくりするような条件を提示します。こうして、川名さんは都市農地貸借円滑化法により、２０１９年３月に生産緑地を借り受けました。

現在、川名桂さんは、地元の日野市の約20ａ（２０００m^2）の生産緑地で露地栽培に取り組んでいます。２０２０年には、当初から計画していた農業用ハウスを設置し、トマトの周年栽培に挑戦する予定です。

このようなハウスが設置できるのも、長期間安定的に安価で生産緑地を借り受けられたことによるものです。

もう一つのケースは、小平市で生産緑地を借り新規就農した大原賢士さん(26)です。大原さんは、都内での新規就農を目指し、当初、市街化調整区域に農地がある瑞穂町の満天ファームで研修に励んでいました。その後、結婚を機に、小平市に転居することになったものの、新規就農の夢は諦めず、市街化区域にしか農地がない小平市で新規就農を目指すことになりました。

大原さんは以前、農業者から野菜を仕入れマルシェを友人と開いていた折に、小平市の農業者で農産物や加工品の直売などを手がけている岸野昌さん(57)と知り合いました。小平市に転居後、岸野さんを訪ね近況を報告していた大原さんは、岸野さんから生産緑地を借りないかという驚くべき申出を受けました。岸野さんは、まだ生産緑地は先代の名義であるものの、自分の子供の代まで生産緑地を残し、できれば息子さんと一緒に農業ができる仲間はいないかと漠然と考えていたといいます。

写真２－１　東京都小平市で生産緑地を借りて新規就農した大原賢士さん（左）と岸野昌さん（右）

大原さんは、岸野さんのような長期的な展望で生産緑地を維持したいと考えている農業者と出会って、10年間の使用貸借により生産緑地を借り受け、小平市で２０１９年４月に新規就農しました。現在は、約40ａ（約４０００㎡）の生産緑地で露地野菜を中心に栽培をし、近隣住民などに新鮮な野菜を提供していくという夢の実現に向かって農業に励んでいます。

新規就農にとって、農地を返還するということは失業を意味します。また地価の高い生産緑地を購入するということは現実的ではありません。しかし今みたように、非農家出身者でも、その生産緑地の貸付者と「相

法人の前提＝貸借のみ可（売買は不可）
所有権の取得ができるのは農地所有適格法人のみ

◆農地を借り受けることができる法人格の要件（一般法人）

1. 業務執行役員もしくは重要な使用人のうち１人以上の者がその法人が行なう農業に常時従事すること 2. 地域における他の農業者との適切な役割分担の下に継続的かつ安定的に農業経営を行なうと見込まれること

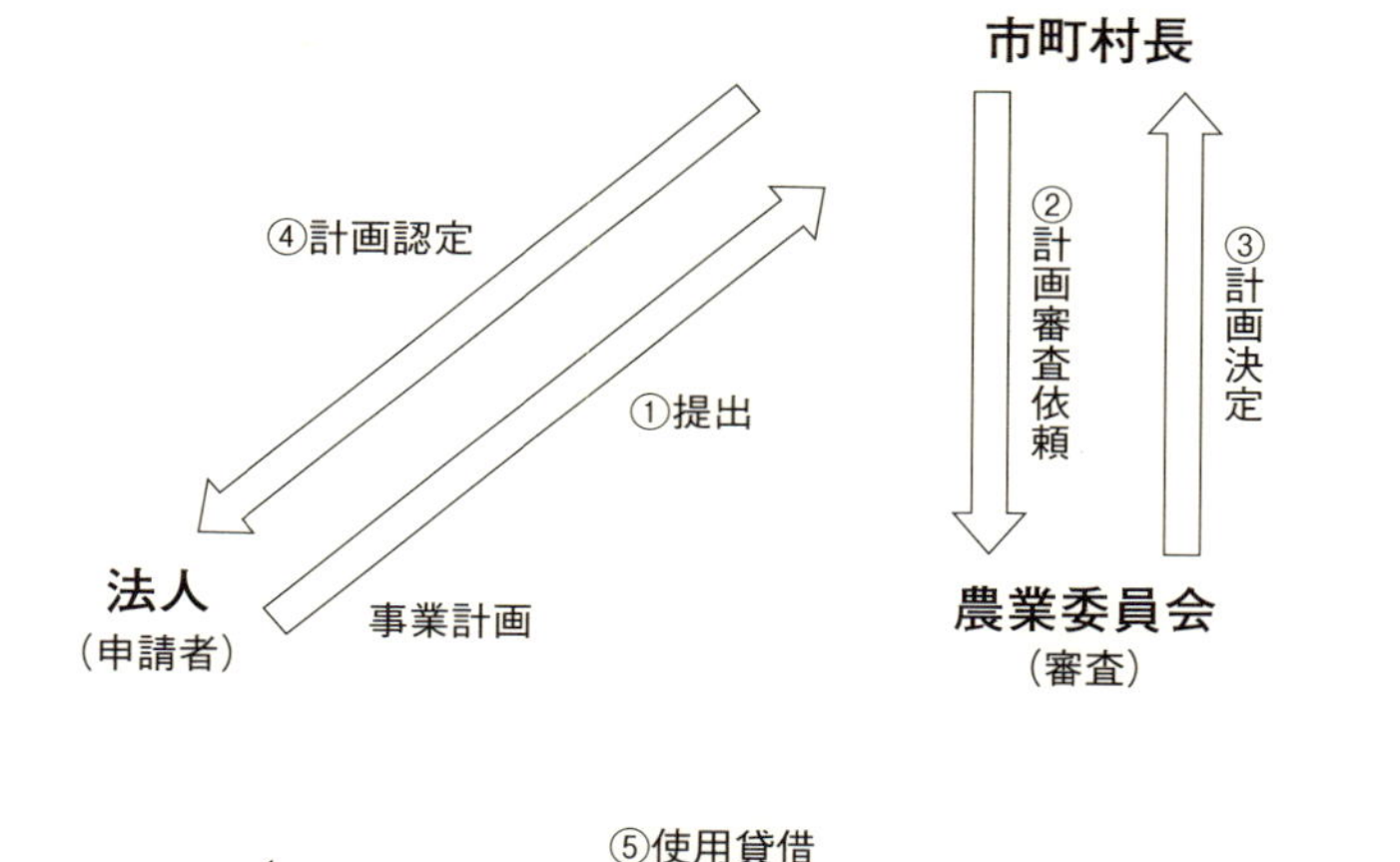

⑤使用貸借
法人　所有者

図２－14　農地の貸借ができる法人形態（一般法人）と都市農地貸借円滑化法による生産緑地の貸借

続等も考慮して貸してもらえるのでしょうか」といった話まで十分に詰め、進めることで新規就農を実現しています。

■生産緑地での法人経営も可能に

今回の都市農地制度の改正では、特にこれまでは現実的に難しかった生産緑地での法人経営も可能になりました。

例えば、生産緑地の植木生産経営者Ａさんの例です。Ａさんはこれまでは生産緑地を貸すことができず、貸した農地では相続税納税猶予制度の適用を受けることができない状況にありました。そこで、取引を拡大するために販売会社を設立する一方で、その会社に個人として自分が生産した植木等を納品するという形態をとってきました。会社経営のかたわら、個人として農業所得を申告していたということです。

しかし、都市農地貸借円滑化法によって生産緑地の貸借が現実的に可能となり、これからは、農地所有者である自らが代表を務める植木販売会社に、自分が個人で所有する生産緑地を貸せるようになり、法人としての生産・調整・販売の一貫経営が可能になります。

この形態であれば、相続時に生産緑地の返還を受けられないといったことも起こりません。

■次世代に都市の農地を残そう！

一方で、相続税納税猶予制度適用農地の貸借が可能となったことで、農業経営者に相続が発生した際に、その農業後継者が生産緑地を思うように相続できず、農地が分散するのではないかといったことを懸念する声も聞かれます。

これまでは、相続税納税猶予制度の適用が受けられる者は相続した生産緑地で農業経営を継続する者に限られていたので、農業に従事していない法定相続人（兄弟など）が生産緑地を相続しようとすることは少なかったと想定されます。しかし、相続税納税猶予制度適用農地の貸借が可能になったことで、そうではなくなる状況も考えに入れなくてはなりません。

新たな都市農業の時代を迎え、多くの可能性が広がっています。一方で、これからどのように生産緑地をはじめとした貴重な都市の農地を残していくのか。相続に伴う土地の減少を抑える施策や手法の工夫が大切です。特に２０２２年問題に向けて新たに創設された特定生産緑地制度を利用して生産緑地の減少を最大限に防ぐことが、都市の農地を農業者のみならず皆で次世代に引き継いでいくための手はじめの取り組みになるのではないでしょうか。

コラム

都市農地ほど魅力的なところはない

全国ではじめて生産緑地を借り東京都日野市で新規就農

川名　桂（農業）

住宅に囲まれた美しい田んぼ、道路の脇の霜柱が立つ畑、秋になると母が方々に送る特産の大きくて甘い梨……。東京に住みながら、小さな農業の営みはいつも私の日常の風景にありました。

しかし、そんなノスタルジックな一面だけではなく「農業経営の場」として、都市農地ほど魅力的な場はないと感じています。

写真２－２　研修でトマト栽培に取り組む

大学の農学部卒業後、私は北陸にある大きな農業法人に勤め、日本の野菜供給の一端を経験しました。

地方で大量に生産された野菜は、一律の規格のもと出荷組合等で集約され、市場や仲卸を通して大手の販売店等へ渡り、遠く離れた都市で消費されてゆきます。生産、流通、販売の役割が明確に分担され、より多く、安価に、効率的に野菜が供給されることを可能にする、長い歴史のなかでつくりあげられてきたシステムです。

しかし、その結果として地元地域のお客様より大口の販売先を優先させたり、生産と販売のタイミングが食い違うことも多く、鮮度が落ちてたくさんの野菜を廃棄することも珍しくありませんでした。

そんなもどかしさを感じていた時に出会ったのが東京の農業でした。

ここでは、生産者が文字どおり生産から流通、販売までを自ら担い、従来の規格やシステムにとらわれない、自由で主体的な農業経営を行なっていたのです。

東京で農業なんてできるの？　最初はそんなふう

に思っていました。農地の規模は私が地方で見てきた農家の10分の一くらい。売上も生産量も比べ物にならないくらい小さい。それでも、なんと魅力的な農業をやっていることか！　商圏は半径数キロメートル程度でしょうか。地域の人々が、「この人の野菜を買いたい！」と続々と集まってきます。ブランドを築き上げ、圧倒的な商品力でトマトを売る人、珍しい野菜を少量多品目でつくり都心のレストランに納める人、自然栽培を貫く人、どの人も皆、自らつくる野菜に自ら価格をつけ、自ら消費者に届けています。

情報への感度を高く持ち、消費者のニーズを直に取り入れながら小さい農地でいかに収益を上げるか多種多様な取り組みが行なわれています。

そんな個人経営の、まちの喫茶店のような、地域に密着しながら個性豊かで魅力的な農家がたくさんいたのです。

また、都市住民の地元産野菜への需要の高さも圧倒的です。

私の住む日野市の直売所には開店前から行列ができます。人気の生産者はみな、「野菜が足りない！」と口をそろえていいます。質の高いものづくりをすれば、工夫次第で必ず売れる環境がここにあるのです。

生産から販売までを一貫して自ら担う。大量にはつくれなくても、そのこだわりと価値をお客さんに直接伝えることができる。ものづくりをする者にとってこれ以上ない幸せではないでしょうか。

確かに、多くの人々の胃袋を満たすには、広い土地を使って効率的で大規模な大量生産が必要です。しかし、胃袋を満たすだけではない、生産者と消費者が有機的に繋がりながら「心も満たす」農業はここでしかできないのではないかと感じました。

しかし、「こんな農業をやりたい！」——そう決意して新規就農の相談をしに行った当初、現実的にそれが不可能であることを知りました。私が理想と感じた農業が行なわれていたのは、ほぼすべて生産緑地に指定された農地。そこで新規就農をすることはおろか、人に貸すことすら許されていなかったのです。

そして、実際に東京の農家で研修を積むうちにこれらの農地は都市の農家が代々受け継ぎ、本当に重い負担や制約を強いられながらも大切に守ってきたものであることがわかってきました。

　残された小さな農地は、年々さらに目に見えて減っていっています。この状況に対して、たくさんの方の尽力によって都市農地の価値が見直され、法律も変わり、生産緑地の貸借や新規就農が可能になり、私は2019年3月に日野市の生産緑地を借りて新規就農しました。

　私の大好きな都市農地の風景を未来に残すため、微力ながら前向きに都市農業経営に挑戦していきたいと思います。

第3章 都市農業経営のこれまでとこれから

1　東京の都市農業経営の変遷

(1) 在宅兼業という都市農業の特色

高度経済成長による急激な都市の膨張、人口の急増は、都市農家の経営構造に大きな変化をもたらしました。東京都内の市街化区域の農地面積は転用によって一貫して減少し続け、1950年から2015年の65年の間に約3万haもの農地が喪失しています。

その大きな要因として、人口急増に伴う開発といった社会的需要の拡大があげられます。

さらに市街化区域農地への固定資産税と相続税という課税上の要因も農地の減少に拍車をかけました。社会的需要と課税義務がセットとなり、また農業収入だけでは生活面で厳しいことから、都市農業者は〈農業経営＋不動産経営〉という兼業形態が多数を占めるようになりました。

同じ兼業経営とはいえ、地方の通勤兼業とは異なり、都市地域での兼業は自宅にいながら農業経営をする在宅兼業となっています。

通勤兼業は、勤務時間帯と通勤時間は就業先に拘束されます。農作業に従事できる時間は、休日か早朝または帰宅後に限られるため、作付け可能な農産物は、稲作や穀類など比較的手間がかからない作物とならざるを得ません。

一方、都市地域のように在宅兼業では、一定の不動産収入が期待できるので生活の基盤は安定します。加えて終日自宅にいるので、丸一日農業従事が可能となります。したがって、稲作や穀類以外の手間をかけられる農作物の生産が可能になります。

野菜についてみると、東京の出荷方法は共同出荷よりも個人出荷が主体でした。産地と比べると生産量は少ないものの、「市場からの情報が直接入手できること」や、「産地の動向を自分の目で確認できる」などのメリットを活かし、収穫時期をずらしたり急な出荷要請に応じたりすることができます。需要側から見れば、市場の隙間を埋められる小回りがきく貴重な存在であったといえます。

しかし現在、多摩地域の青果の地方卸売市場は廃場が進み、国立市と八王子市に開場するのみになりました。

(2) 農産物の出荷先の変化

１９８２（昭和57）年に長期営農継続農地制度が創設され、固定資産税の宅地並み課税問題が一応の解決をみたなかで、農業の販売では市場外流通いわゆる「直販」が、市民から共感を得て伸びてきました。

東京都農業会議では、１９８６年度に島しょ地区を除く都内のすべての農家１万４８７７戸について調査を行ないました。その結果をみると、直販農家は２７２７戸（18・３％）で、都市化が進んでいる地域ほど直販率が高い傾向にありました。

また、直販の種類をみると、庭先売りが１５７６戸（57・８％）と約6割の農家で取り組まれていました。無人スタンドも４５６戸（16・８％）で高い割合を占めています。30年前の販売方法の特徴は、最近はあまりみられなくなった、引き売りや振り売りによる販売が２８６戸（10・５％）あることです（表３―１）。

最近の販売状況については、２０１１年度に東京都

表３－１　1986年当初の東京都内の直販の種類別農家数（戸）

	実数（構成比）	野菜	果樹	花き	鶏卵
庭先売り	1,576　(57.8%)	1,021	315	169	71
もぎとり・つみとり	141　(5.2%)	30	108	3	—
畝売り・株売り・堀取り	325　(12.0%)	293	26	6	—
無人スタンド販売	456　(16.8%)	427	15	11	3
沿道売り（有人）	273　(10.1%)	212	53	4	4
宅配便販売	51　(1.9%)	16	25	8	2
引き売り・振り売り	286　(10.5%)	114	155	15	2
計	2,727　(100.0%)	1,907	550	190	80

出典：「農業と市民との交流対策に関する調査（1986年度）」東京都農業会議

農業会議が東京都からの委託を受け、都内の認定農業者481戸に実施した「野菜生産農家の出荷・販売に関する実態調査」の調査結果によると出荷・販売先の割合は、市場出荷が23%、共同直売所が24%、スーパー・小売店・生協が16%、学校給食6%となっています。「今後出荷を増やしたい出荷・販売先を一つだけ選ぶとしたら?」という質問には、「共同直売所」と「スーパー・小売店・生協」がともに24・2%となっており、次いで「個人直売」が19・9%、「学校給食」が17・3%と続きました。

出荷先としての共同直売所の良いところは「自分で価格を付けることができる」(67・8%)、「少量多品目の野菜を出荷できる」(64・7%)が多い一方で、「単品で量の多い野菜は出荷しきれない」(66・7%)という課題があげられています。

学校給食への出荷については、出荷先としての魅力は「価格が良い、または安定している」が65・3%、次いで、「出荷コスト(袋などにかかる費用)が低い」(38・7%)でした。一方で、学校給食への出荷の課題としては、「配達や運搬にかかる手間や時間が大きい」(45・0%)が最も多く、「栄養士や調理者の要望に応えるのが大変」(37・6%)、「単品で量の多い野菜は出荷しきれない」(27・5%)、「大きさや荷姿など品物の規格が厳しい」(27・5%)などがあげられています。

このように、最近の販売方法は、引き売りや振り売りが姿を消し、共同直売所・スーパー・小売店・生協・学校給食など多岐に広がっているといえます。

2 現在の東京農業の状況

(1) 農地・農家・就業者・経営規模、産出額

東京農業の現状を2015年農林業センサスでみると、総農家戸数は1万1222戸で、販売農家は5623戸(50・1%)、専業農家は2613戸(23・3%)となっています。農地面積は4918haで1955年からオイルショックの1973年頃までのほぼ20年間で、農地は2万202ha、農家は約2万3452戸も激減しました。

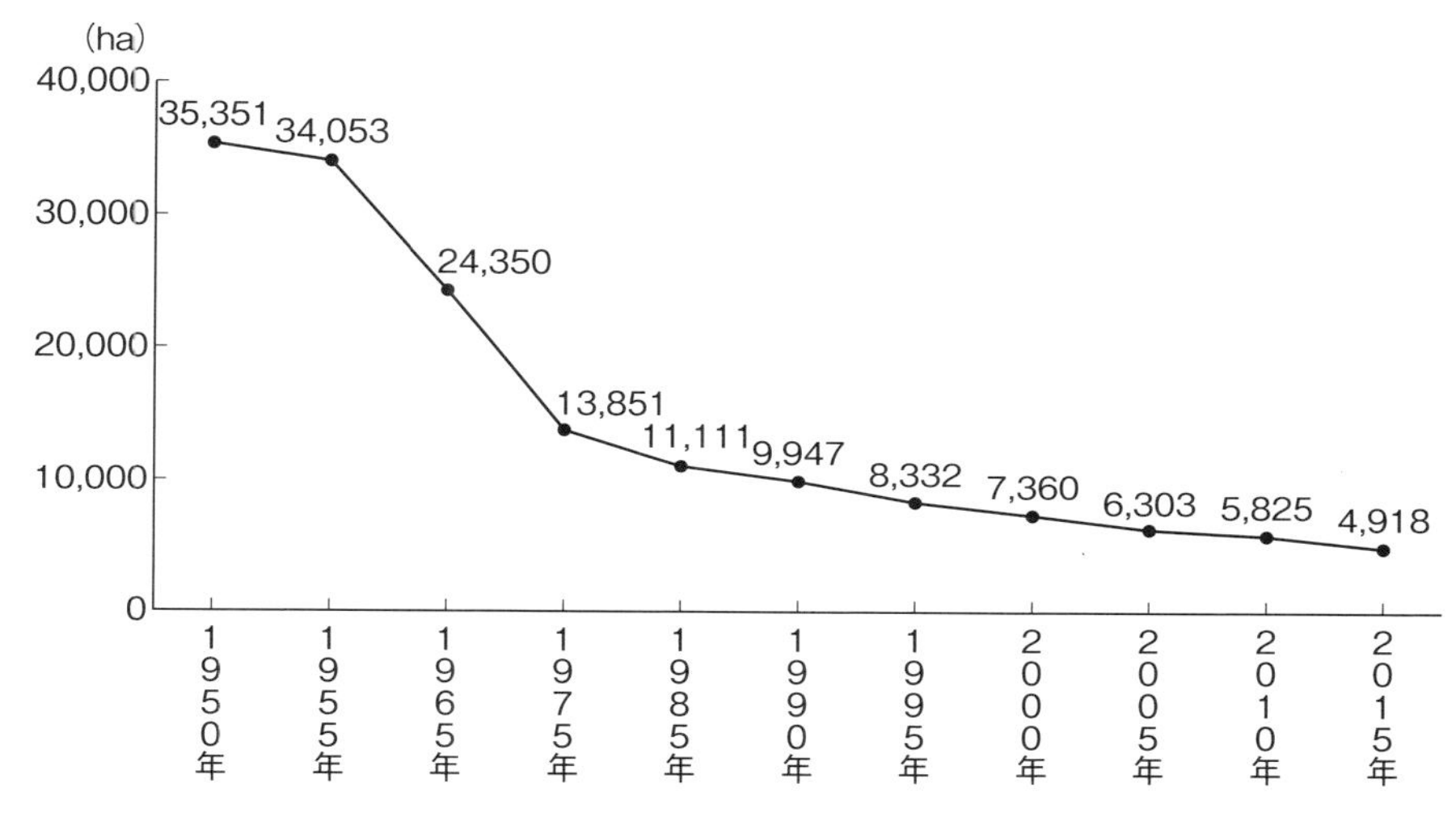

図3－1　農地面積の推移（東京都総農家）

出典：農業センサス

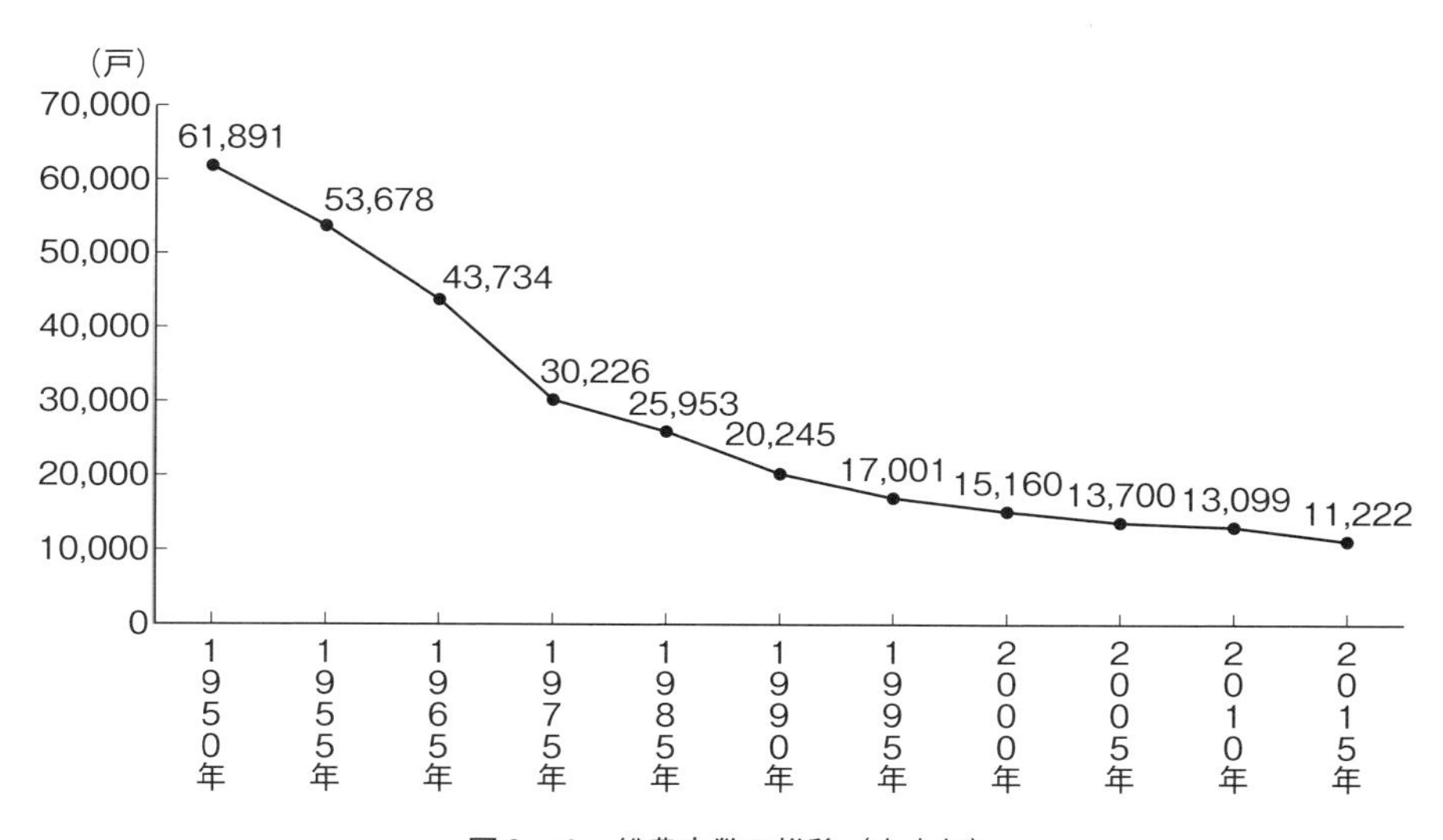

図3－2　総農家数の推移（東京都）

出典：農業センサス

さらに２０００年以降の15年間においても、農地は２４２２ha、農家は３９３８戸減り、依然減少の傾向にあります（図３―１、図３―２）。

農業就業人口は、年代別では、60歳代が２６０１人（23・7％）と約４分の１を占め、次いで70歳代、80歳代以上となっており、平均年齢は63・9歳となっています（図３―３）。

東京農業は１９５５年以前生まれの農業者に支えられているということになります。

法人経営を含めた経営体６０２０戸の経営規模別経営体数をみると、50～１００a未満の層が２０４９経営体（34％）、30～50a未満層が１８２７経営体（30％）と、３分の２は30～１００a未満の経営体であり、１経営体当たりの平均経営耕地面積は65・１aとなっています（図３―４）。

農産物販売金額別の経営体数をみると、50万円未満が１３９５経営体（24・7％）であり、「販売なし」の６４３経営体（11・4％）とあわせると３分の１以上が極少の経営体です。

一方、５００～７００万円未満（６％）、７００～１０００万円未満（６％）、１０００万円以上（６％）の合計は16％で、８５６経営体が５００万円以上の販売があり、その経営体数は少ない状況にあります（図３―５）。

農業産出額は、東京都全体で２８３億円（植木生産

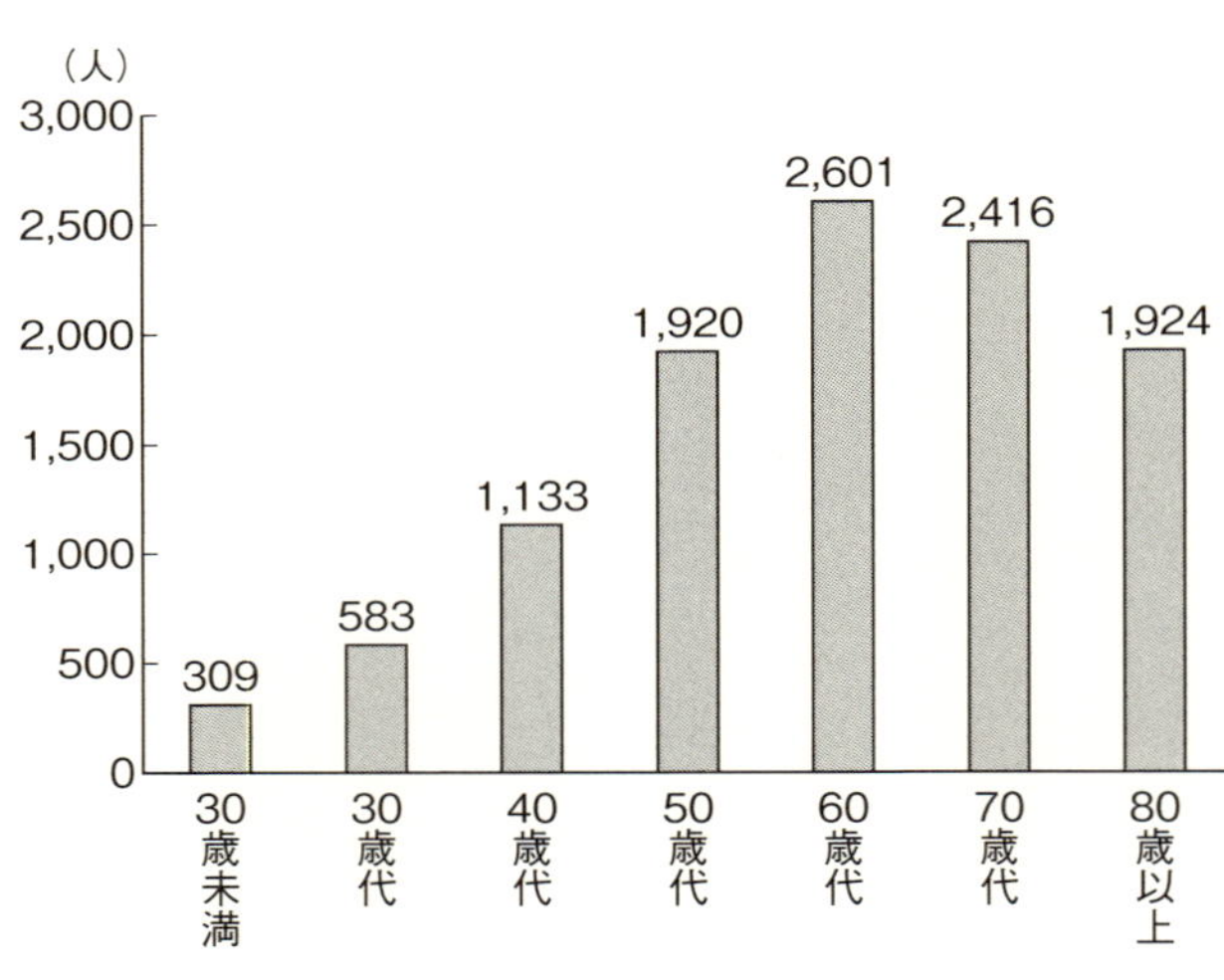

図３－３　年代別農業就業人口（東京都）
出典：農業センサス、2015年

除く）であり、そのうち野菜が１９３億円（68％）と約7割を占めています（図３−６）。品目別ではトマトの産出額が最も多く、次いで日本梨、ナス、ホウレンソウ、コマツナが続いています。

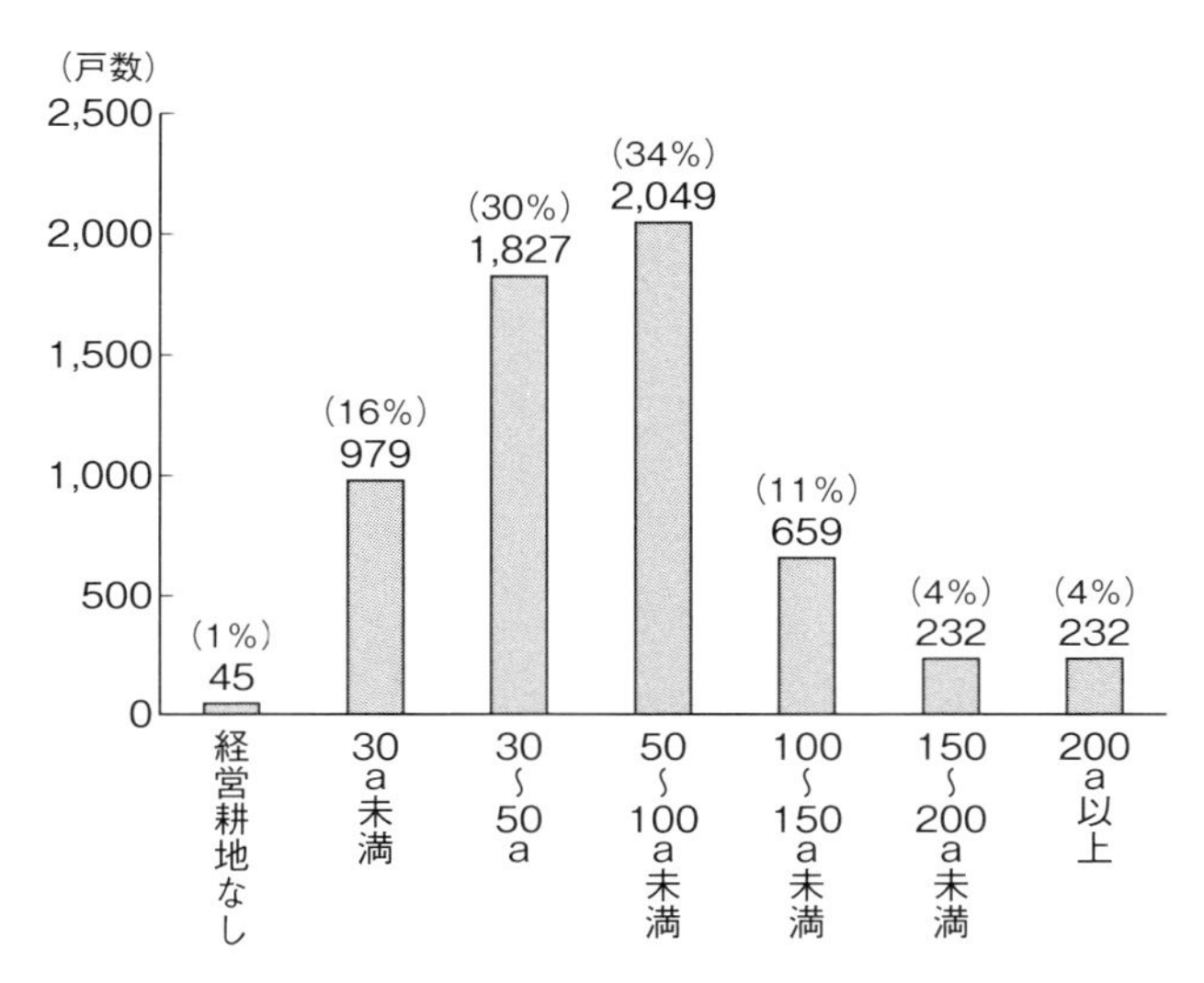

図３−４　経営規模別農業経営体数（東京都）
出典：農業センサス、2015年

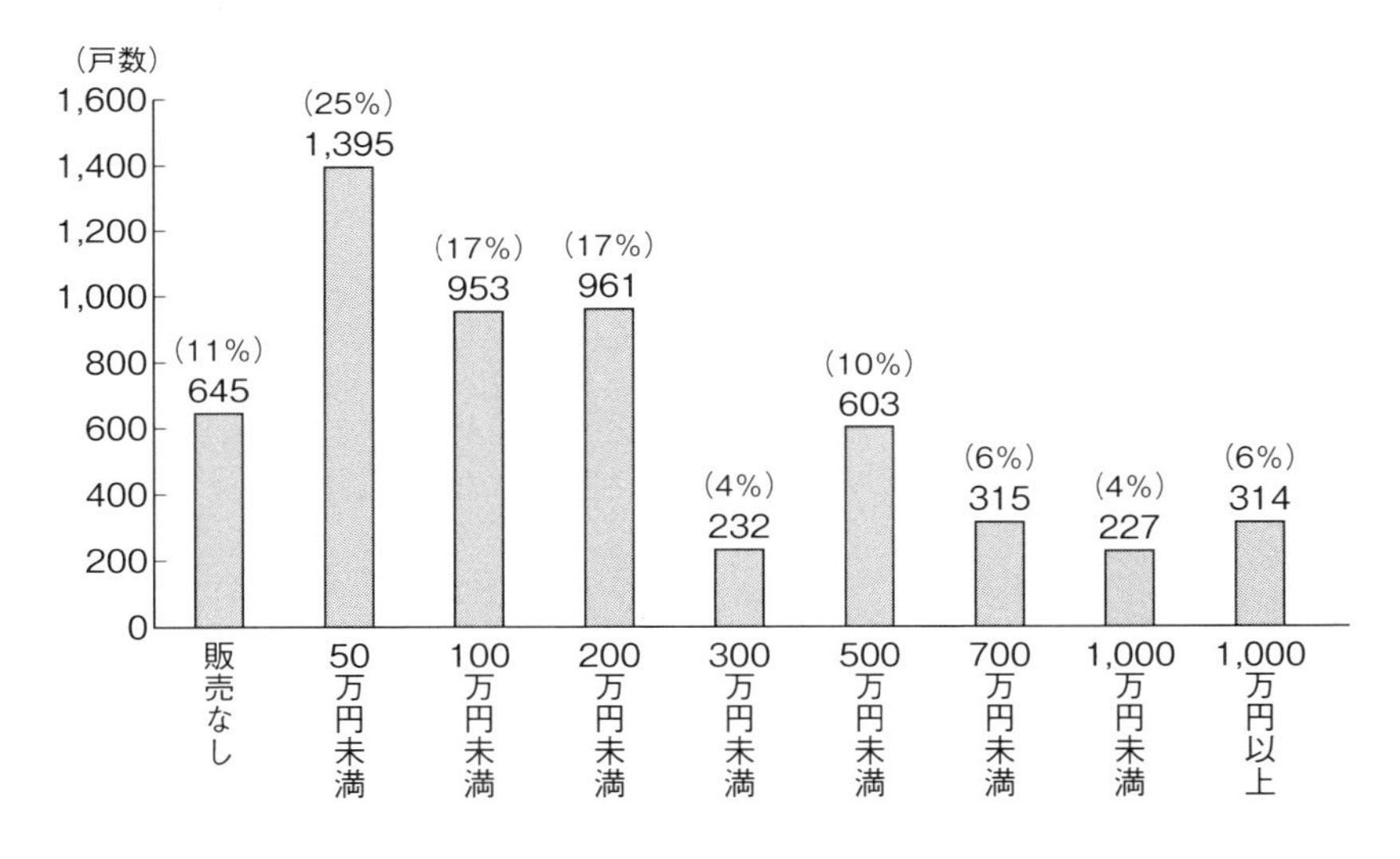

図３−５　販売規模別農業経営体数（東京都）
出典：農業センサス、2015年

（億円）	野菜	果樹	花き	工芸作物	その他
農業算出額	193	41	36	1	12
割合	（68％）	（14％）	（13％）	（1％）	（4％）

図３－６　農業算出額（東京都、2016年）
出典：東京都農産物生産状況調査（東京都）

(2) 農業の担い手の状況

40区市町村で１６４０経営体が認定農業者に認定されており（２０１８年３月末時点）、これは販売農家５６２３戸のうち34・３％にあたります。高い認定率といえます。

東京都における認定農業者制度は、２００５年度から２０１０年間の５年間に急速に認定が進みました。東京都農業会議では、〝認定農業者となって自らの経営発展とともに東京農業を確立しましょう〟とのキャッチフレーズのもと、農業者に認定農業者制度の必要性を訴えてきました。

(3) 特定市街化区域農地（生産緑地）の状況

東京都内の特定市街化区域の農地の動向をみると、指定が義務づけられた１９９３年は生産緑地が４０７３ha、宅地化農地が３０８５haで、生産緑地率は56・９％でした。２０１８年は、生産緑地が24％減少して約３１００ha、宅地化農地が67・７％減少して約８５２haであり、生産緑地率は78・４％となっています。

この25年間で約９３６haの生産緑地が減少をし、宅地化農地は約２０９０haが減少しています。平均して毎年１２２haもの農地が減少していることになります。

生産緑地の減少を少しでも抑止する方策としては、生産緑地の追加指定があります。東京都内では、ほとんどの区市で毎年生産緑地の追加指定が実施されていますが、買取申出面積と追加指定面積の状況をみると、毎年の買取申出面積（生産緑地の解除）は、約40～55

ha前後で、追加指定はおおむね毎年7ha前後となっています。

(4) 都市農地の減少の要因

市街化区域農地の減少の要因は、ほとんどが相続時における相続税納入のための売却と推測されます。居宅地、納屋、アパート・駐車場、屋敷林、平地林などは、すべて路線価で評価され高額となります。

ただし、生産緑地の田・畑については、前述の通り農地の相続税納税猶予制度という制度があり、終生(一部の地域で20年間) 農地として耕作されることを条件に、東京都内では畑10a当たり84万円(田90万円)の農業投資価格の評価で相続税額を計算し、通常評価との差額の相続税の納税が猶予されます。平均1億数千万円の相続税が猶予されると想定され、その分、農地を売却しなくてすみ、農地が保全できることになります。

3 これからの都市農業経営 ——都市農業のメリットをどう活かすか

都市農業のメリットとして、①販売先及び販売方法が多様であり、②労働力が確保しやすく、③フリースタイルの農業が展開できることなどがあげられます。

一方、畑の隣接地にアパートや団地や戸建てが建ち並び、当然のごとくトラクタ、耕うん機などのエンジン音は隣人にとっては騒音となり苦情となるときもあります。

このように、農作業の時間帯や曜日などの生産条件に制約はあるものの、販売に関しては、畑や庭の入り口などでの対面販売や販売機の設置、スーパーでのインショップやレストラン・飲食店への納入、学校給食など多様に展開することが可能です。

昨今は「自分で育てた野菜を食べたい」という市民も多く、貸し農園がビジネスとして成り立っている状況です。農地所有者である農業者自らが民間業者と同

〈区画の一つを見本園として設置〉

1区画を見本区画として作付けし、畝立て、栽培品目、播種、肥培管理、収穫、片付け等のモデルを示す

実演者

- 自治体開設の場合→農業者に委託
- 農家開設の場合→自らが行なう

実演と相談

週末に見本園で耕うん、畝立て、播種（移植）の作業を行なう

農園利用者

利用者は、見本園を参考に、各自の農園で自分でつくりたいものを栽培

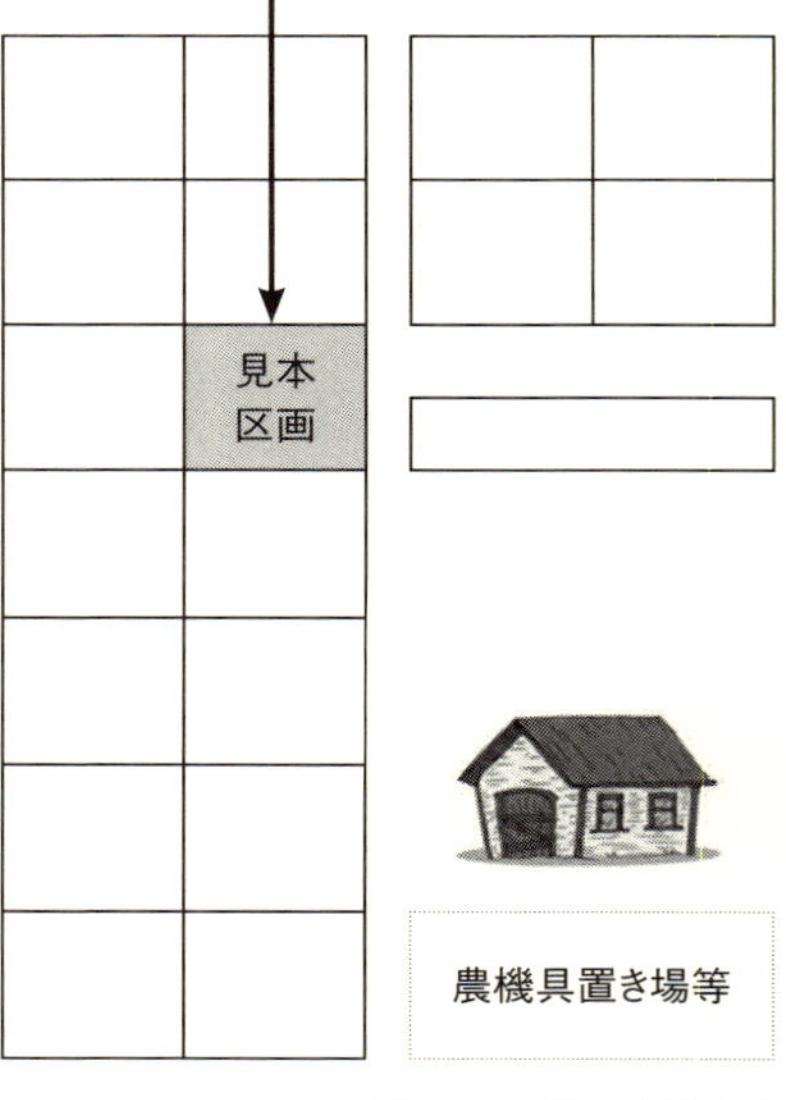

〈期待される効果〉

- 市民農園の楽しみや、醍醐味である栽培品目や作付けなどを自分で考え、決められる
- プロ農家の基本的な栽培技術の実演を受けられ、知識や経験を聞くことができる
- 作付けの切り替えをスムーズに行なうことができる
- 農園全体の整理が期待できる
- 利用者どうしのコミュニケーションが進む
- 技術を習得している人、講習が不要の人は自由に作付けができる

〈主な講習項目と時期〉

4月中旬～5月上旬	……夏野菜の播種・植付け
6月上旬～8月上旬	……夏野菜の収穫
8月上旬～8月下旬	……春～夏野菜の片付け
8月下旬～9月上旬	……秋～冬野菜の作付け
11月上旬	……秋～冬野菜の収穫 畑の片付け

図3－7「見本区画（モデル）」付き市民農園の提案

（作図：北沢俊春）

様の手法で開設すれば大きな収益ともなるでしょう。

市民農園は、「収穫が不安定」「景観がよくない」「荒れ放題の区画がある」「苦情が多い」など多くの意見があるものの、市民農園の魅力は、利用者自らが作付品目を考え、種をまき、苗を植え、限られた区画のなかで、最大限の作付を構想することができることです。農業という職業の魅力に少しでも近づき、加えて、作物の生育や出来映えや自然環境を十分に堪能できます。良い作物ができることがベターですが、「自分で作ったものを自分で食べる」（自作自食）ことが第一の目的であり、かつ、楽しみとすれば、市民農園は本当に楽しいものです。

「見本区画（モデル）」を設置し、作り方や作業手順等を伝えることにより、農園利用者は、自らの判断で作付けする市民農園を実現できるのではないでしょうか（図3－7）。

写真３－１　東京都武蔵野市内の市民農園

4　都市農業経営の実際例

ここでは実際に東京都内で農業を営む三事例を見てみましょう。

（1）東京で三代続く酪農家　増田武さん

東京の酪農は明治時代の初期に外国人居住地や都市住民に牛乳販売することではじまったといわれています。

現在も東京の酪農は、牧場→牛乳工場→消費地までの距離が近く、輸送時間が短いため、搾りたての風味のある生乳を供給できることが最大のメリットであり強みです。

東京の酪農家は、高品質な生乳を生産するため一頭一頭の乳牛を管理する牛群検定に早くから取り組むとともに、住宅地のなかでどうしても避けられない臭いの問題などに対処しながら、搾乳量の向上と経営の健全化に努めてきました。

1996年8月には、都下一円の専門農協として東京酪農協同組合が設立されました。現在、44戸の酪農家が組合員として集結しています(都内の酪農経営は59経営体)。生乳は「東京牛乳」としてブランド化され、その乳質は高い評価を受け、ジャパンミルクコレクション2013では人気商品第2位に輝きました。東京牛乳のオリジナル商品はラスク、サブレ、バウムクーヘンなどがあり、セブン-イレブンをはじめとした小売店で販売され人気を集めています。

東京牛乳の生産者のひとり、清瀬市の増田武さん(63)は、妻のみちよさん(57)とともに搾乳牛30頭で生乳を生産しています。武さんは代々続く酪農一家の3代目です(写真3―2)。

市内全域が市街化区域の清瀬市には、未だ6戸の酪農経営が健在で、清瀬市酪農組合(任意団体)を組織しています。

写真3－2　市街化区域内のなかで酪農を営む増田武さん

増田さんの牛舎を訪れると、牛舎独特の臭いがほとんどしません。「健康な牛なら臭わない」と当たり前のように話してくれましたが、住宅地がそこまで迫っているのですからそれなりの気遣いと対処をしているのでしょう。ただ夏場には多少の苦情が出るときもあるそうです。

飼料代が高騰していることから、粗飼料を自給飼料のサイレージでまかなうため、所有する生産緑地の畑80ａで飼料作物を栽培しています。酪農は毎日の仕事です。東京酪農協同組合に酪農ヘルパーを月に1回程度は頼んでいるそうです。

清瀬市では、多くの農業者が中学生の職場体験を受け入れています。そのなかで酪農は生徒から大人気で、中学校の教諭などから「毎年必ず酪農を職場体験にいれてほしい」との要望があるといいます。「ずっと残してほしい」という市民の声も多いそうです。

このように東京の酪農経営は社会的な役割を果たしながらも、減少の一途をたどっています。

市街化区域では、牛舎などの施設には、生産緑地で行なわれているような税制上の措置はありません。相続税納税猶予制度も適用の対象外なのです。

２０１６年11月16日に農地法の一部改正が施行され、農作物栽培高度化施設いわゆる底面をコンクリート等で覆う農業用ハウスについては、今後手続きを踏めば、引き続き「農地」であるとみなされました。生産緑地では固定資産税の控除が続き、相続税納税猶予制度の適用も可能となったのです。しかし、畜舎は、あいかわらずこの制度の対象から外れているのです。

つまり、市街化区域の酪農家は、高額な畜舎をはじめとした施設の固定資産税等を負担しながら経営をし、相続が発生したときは、後継者が酪農経営を継ごうが継ぐまいが、その施設に対する相続税を納税しなくてはならないということです。

さらに、都市計画の用途地域の規制のなかでは、畜舎の改築や新設もままなりません。

増田武さんは「住宅地が迫るなかでの酪農経営であり、税の負担も大きく、毎日の仕事となるので、なかなか後継者に続けてほしいとはいえない」と話します。しかし本当は、酪農を残していきたいという強い秘めた思いを持っているのです。

都市の酪農経営を残すために、早急な税制の改正や制度の創設が強く望まれます。

(2) 江戸の伝統野菜ムラメを生産する荒堀安行さん

足立区の荒堀安行さん(72)は、伝統のツマモノのムラメ栽培に取り組んでいます。

ツマモノとは、漢字で「妻物」とも書き、日本料理の刺身の添え物として、料理の主役とはならないものの、名脇役として、香りや季節感、高級感を醸し出す存在として、特に高級料亭などでは、欠かせないものとなっています。

足立区では、そのようなツマモノである、アサツキや木の芽(山椒の芽)、大葉、花穂、紫芽(ムラメ)などの栽培が盛んに行なわれてきました。ムラメは、赤じその双葉の芽をいい、葉の裏が赤紫色で表が薄紫色をしていて、ほのかな紫蘇の香りが特徴です。

荒堀さんは、後継者の剛史さん(41)夫妻との3人でムラメ栽培に携わっています。播種から双葉が開く収穫までに30~40日程度を要し、いよいよの収穫は、しゃがみながら一芽一芽ハサミをいれる細かい作業です(写真3—2)。荒堀さんは「しゃがみながらの作業は腰や膝が痛くなり苦しいときもあった」と振り返ります。出荷調整作業は、双葉を一枚一枚裏が上になるようにピンセットなどで挟んでパック詰めする、さらに細かく根気のいる作業です。クシャミ一つで吹き飛んで台無しになってしまいます。

写真3—3 ムラメを収穫する荒堀安行さん

ツマモノ栽培は広い栽培面積は必要としませんが、色合い、硬軟、香りなど日照、気温、土づくりなどが繊細で、主に農業用ハウスで栽培されます。経験が品質を大きく左右する、まさに、受け継がれてきた伝統栽培技術です。

足立区のツマモノ栽培農家は、１９３５（昭和10）年に結成された「特親会」を引き継ぎ、都内ではほとんどなくなった市場への共同出荷を行なっています。荒堀さん自宅の近くに共同の集荷場を持ち、共同購入した車により、11人の会員がローテーションを組み、豊洲市場にほぼ毎日出荷しています。そこにある冷蔵庫には出荷品や種子などが保管されています。

市場では、ブランド化された足立区産のツマモノでさえも、添え物という特殊性ゆえ、これまでも売値が景気に大きく左右されてきました。

そのため、荒堀さんは、地元の飲食店での取扱いの開拓を進めてきました。今では足立区周辺の飲食店10軒ほどには、添え物としてのみならず野菜として提供され、地元の伝統野菜として人気を集めています。

また、荒堀さんは、足立区の伝統作物である「千住ネギ」を復活させました。今では足立区の公立小学校で、小学生が一年を通した千住ネギの栽培に挑戦しています。

これは、荒堀さんの熱意により、千住ネギの種子をジーンバンク（遺伝子銀行）から引きとるまでにこぎ着けたからです。この伝統野菜を次世代に引き継ぎ、さらに子供たちに地元の農業を知ってもらいたいと、小学校サイドに働きかけたことから、今では、足立区内5校の小学校で千住ネギが栽培されています。

ご自身が足立区農業委員会長を務めていることから、この取り組みを同農業委員会の活動として進め、種まき→定植→土寄せ→収穫までの作業を小学生が担当の農業委員の手ほどきを受けながら進めています。千住ネギの栽培をいち早くはじめた栗原北小学校では、収穫後、調理実習の食材として千住ネギを調理し、伝統の味や食感を栽培した小学生皆で味わっています。

収穫が済んだ学年の小学生は、種を採種し、「いのちをつなぐ千住ネギ」として、次の年に下級生へ種を伝達しています。

伝達式には、荒堀さんをはじめ農業委員が招かれ、千住ネギのみならず、地元の農業を紹介しています。

このように、荒堀さんのような農業者によって、地元の伝統野菜が復活し、伝統のツマモノ栽培が引き継がれているのです。

(3) 植木生産から造園業へ　斉藤利一さん

東京都国分寺市はすべての農地が市街化区域にあり、そのうちの約９割の農地が生産緑地の指定を受けています。

斉藤利一さん(62)は、国分寺市で、個人での植木生産と㈱藤雅園の代表として造園業を営んでいます（写真３―４）。

斉藤さんは、国分寺市内に約70ａ、東京都瑞穂町の市街化調整区域に約20ａの植木畑を自己所有しています。瑞穂町の畑はすでに斉藤さん個人から自ら代表を務める㈱藤雅園に、使用貸借（無償）により貸し付けています。

父親は野菜を生産していましたが、斉藤さん自身は、これからの植木生産に大きな可能性を見出し、学校卒業後、植木を学び、東京都立川市の植木経営者のもとで修業しました。

24歳で実家に戻り、本格的に植木生産をスタートし、そのうち造園も手がけるようになったのです。

写真３－４　生産緑地で法人経営を確立している斉藤利一さん

造園業が軌道に乗りはじめると人手がいります。

個人経営という形で造園を手がけながら従業員を募集し雇用していましたが、都内の農業高校に求人募集をするにあたり、学校サイドから「法人にしたほうがよいのでは」というアドバイスを受け、１９８９（平成元）年８月に㈱藤雅園を設立しました。

しばらくは、雇用しても数年でやめてしまうといったことが繰り返されていました。その当時は「自分も若かったし、ついてこい」という感じだったと笑う斉藤さん。7、8年程度雇ったら、独立するのではないかとも思っていたそうです。

しかし、雇うからには退職金を含めすべての社会保障制度を完備しよう、週休2日制や長期休暇制度の導入など働きやすい環境を整えよう、また「すぐにやめてしまうとまた一から教えなくてはならない、長い目で見るようにしよう」と認識を新たにしました。これによって、現在では、20年以上勤務している従業員を含め計4人の社員が定着をしています。うち3人は農業高校卒業後からずっと㈱藤雅園で働き、また社員全員が結婚をし家族を持っています（写真3―5）。

社員たちの仕事ぶりの評判も高く、顧客からも喜ばれているとのことです。

斉藤さんは常々「給料は会社からもらっているのではない。お客さんからいただいているもの」と社員に伝えています。そのことで社員はどこで仕事をしても丁寧さを心がけてくれているのではないか、といいます。

市街化区域の生産緑地は相続によって減少せざるを得ない、またその生産緑地を長く維持していくことはとても大変なこと、といった話をよく耳にします。でも、斉藤さんは生産緑地を引き継ぎながらも、植木生産で起業をし、会社を興し、一般企業と肩を並べる職場環境で社員を雇用しているのです。

そのことについて斉藤さんにたずねると、「まず農地を残すという強い気持ちと、働くことが好きだとい

写真3－5　従業員の作業を見守る（左から2人目が斉藤利一さん）

うことがありました。学校を出てすぐに修行した植木経営者が同じような経営に取り組んでいたことも大きく影響しています。何より、経営者になってみて、社員がうちに来てよかった、長く働きたいといってくれることが大事だと感じています」と、「特別なことは何もしていないから」と付け加えながらいいますが、都市農業において、斉藤さんのような気持ちで経営を実践する人は多くないかもしれません。

2018（平成30）年9月1日より、都市農地貸借円滑化法の施行により生産緑地地区の貸借が可能となりました。斎藤さんが代表である㈱藤雅園は、瑞穂町の市街化調整区域の植木畑と同様に、斉藤さん個人から生産緑地の農地を借り、生産から流通、造園まで完全に一括経営に取り組むことができるようになりました。「現在、㈱藤雅園に勤務している息子が会社を継承した後は、自分で植木を生産し続けたいので貸す予定はありません。仕事が好きですから」と笑って答えています。当面は今の形態を維持するつもりです。

「社員が長く働いてくれて、社員全員が家族も持った。いつかは一軒家に住めるようにしてあげたい」と、話すその目は、親方として、社員を思う社長として、まだまだ進む道は続いていると語りかけているようでした。

第4章

都市農業・農地が果たす機能と役割（東京編）

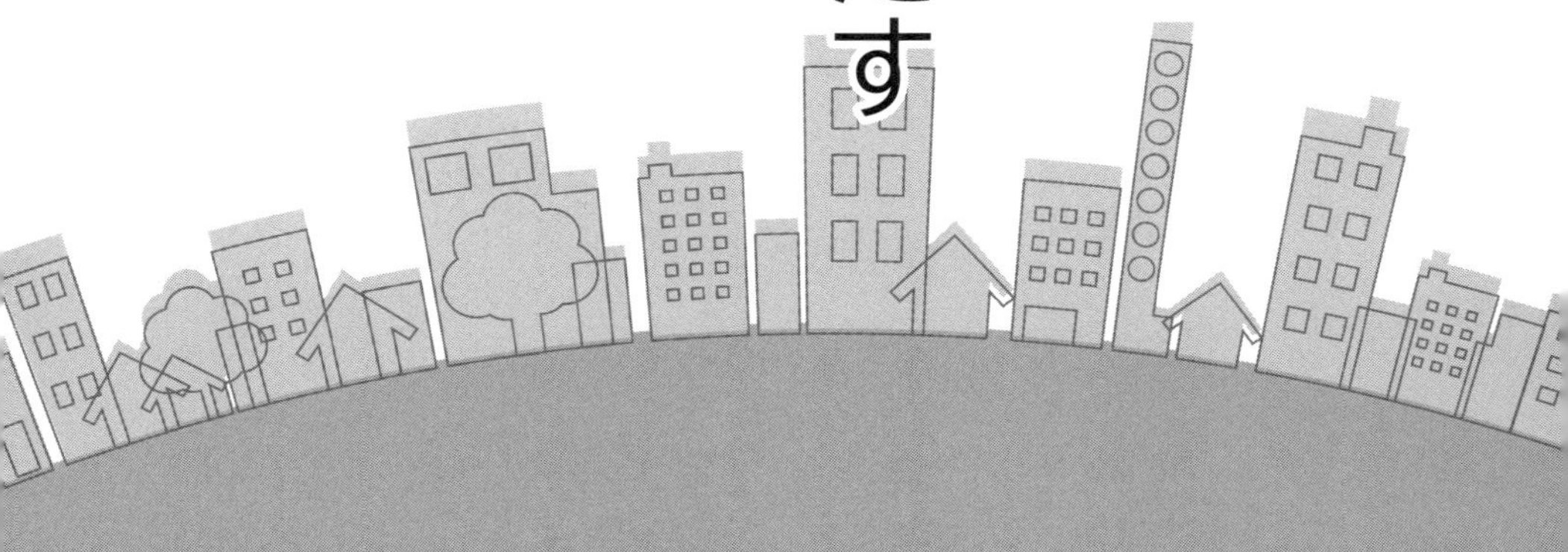

1 農地——空気のような存在価値

東京都内の五日市街道や旧青梅街道など街道に沿った農家には、家の裏に屋敷林、その奥には畑が続き、平地林が存在しています。江戸時代の新田開発の名残りです。整然と広がる畑地帯は、食料供給の源でした。玉川上水を分水嶺として、支流である野火止用水、仙川上水などが通水し、南北で新田が開発されました。

小平市、国分寺市、立川市、清瀬市には今でもその短冊状の農地が残っています。

こうした畑は、風通しがよく見通しもすばらしい。特に、夏は、ムッとした澱んだ空気が吹き飛ばされます。新芽が出たばかりの野菜苗、いつでも収穫を待つばかりの野菜。果樹園の春は、新緑の芽吹き、白やピンクのくだものの花、秋には、熟した梨、ブドウ、柿、栗などが実っています。

多くの野菜や花木やくだものなどが目に入るとホッとします。

畑を渡ってくる風は、音色を伴うそよ風です。キュウリを見ればぬか漬けを、サトイモ・ニンジン・ゴボウからは煮ものが連想されます。梨からは甘いみずみずしさが、快晴の紺碧の空とたわわに実をつけた柿の木からは小春日和が思い起こされます。

春一番の土埃はちょっと遠慮したいものですが、畑の合間に一列に風よけに植えられているお茶の木は、土の飛散を防ぐ先人たちの知恵です。

農業体験をする小学生が、自分が種をまいた大根を抜いています。「どうして、あんな小さな種からこんなに大きな大根になるのだろう」と思いながら——。それを持ち帰ったら今日の給食は大根の味噌汁です。

中学生は、農家で職場体験。慎重にホウレンソウを束ねています。

２０１１年3月11日の東日本大震災では、東京も激しく揺れ、なかには近所の畑に避難した人がいたとも聞きます。ビルや住宅ばかりが立ち並ぶ都市においては、いっとき近所の人が仮に避難する場所として、畑は貴重な空間となります。

コンクリートづくりのまちの住居生活では、南側にマンションができれば日当たりは悪くなるし、見通しもきかなくなります。ストレスもたまります。

けれども、近くに田んぼがあれば、時には蛙の鳴き声が気になるものの、田植え、育つ稲株、頭を垂れる色づいた稲穂と稲刈りが季節感を醸成し癒やされる。隣接する植木畑は自分の庭とも思えてきます。

農地の存在そのものが日常生活にごく普通に溶け込んでいます。当たり前すぎて、空気のような存在で、その意義に気づかないだけなのです。

それを失なったとき、はじめてその存在意義に気づくのです。

2 見直される農業の多面的機能

歴史的には、大都市周辺の畑が目の仇にされた時期もありましたが、経済も大きな成長が望めず、少子化により人口も減少段階に入り、人々の高齢化が進んできた現在では、新たな評価が生まれています。

農業・農地が農産物を生産し供給するという本来の機能に加え、いろいろな役割や貢献を持っているということです。

そのことについて、農地と農業の存在意義を明確にし、その維持のための政策支援を講じるための評価が論じられ、調査と経済的裏付けが算出されています。

(1) 農業の多面的機能にかかわる国の評価

２０００年12月14日に農林水産大臣は日本学術会議に対し「地球環境・人間生活にかかわる農業及び森林の多面的な機能の評価について」を諮問しました。

日本学術会議は、２００１年11月1日に８つの機能についてそれぞれの貨幣評価を答申しています。

全国の農地の評価であるため、都市農地の評価と機能が異なる分類もありますが検証結果は次の通りです。

①洪水防止機能として、大雨時の水田や畑の貯水能力を治水ダムの維持費等を代替法で評価すると、年間３兆４９８８億円と評価しています。

②河川流況安定機能として、水田のかんがい用水を河川に安定的に還元する能力を利水ダムの維持費等を代替法で評価すると年間１兆４６３３億円と評価しています。

③地下水涵養機能として、水田の地下水涵養量を、

地下水と上水道との利用料の差額を、直接法により年間537億円として評価しています。

④土壌の流出防止機能として、農地の耕作により抑止されている推定土壌浸食量を砂防ダムの建設費等を代替法により、年間3318億円と評価しています。

⑤土砂崩壊防止機能として、水田の耕作により抑止されている土砂崩壊の推定発生件数の平均被害額を調節法により年間4782億円と評価しています。

⑥有機性廃棄物分解機能として、都市ゴミ、くみ取りし尿、浄化槽汚泥、下水汚泥の農地還元分を最終処分場の建設により処分した場合の費用を代替法により年間123億円と評価しています。

⑦気候緩和機能として、水田によって1・3度の気温が低下すると仮定し、夏季に一般的に冷房を使用する地域で、水田がある世帯の冷房料金の節減額により直接法で、年間87億円と評価しています。

⑧保健休養・やすらぎ機能として、家計調査のなかから、市部に居住する世帯の国内旅行関連の支出科目から、農村地域への旅行に対する支出を推計すると、年間2兆3758億円の支出と推計ができるとしています。

これらを合計すると、年間8兆2236億円の評価があると答申されています。(農林水産省 中山間地域整備推進室　ホームページ)

(2) 都市農業・農地の多面的機能にかかわる東京都の評価

東京都産業労働局は、都市農業・農地には、新鮮で安全・安心な農産物を都民に提供するだけでなく、防災や環境保全といった「多面的機能」と呼ばれる様々な役割があり、住民の豊かな生活や安全・快適な都市環境づくりに役立っているとしています。

農産物を生産する以外の機能は、公益的な機能といえ、保全のためには何らかの政策的な支援が必要であるとして、2016年2月に「都市農業・農地が有する多面的機能の経済的評価に関する調査」を実施し、7つの機能に分類して、評価額を公表しました。

東京都の産業労働局の調査結果をみると、

①ヒートアイランド現象の緩和機能として、農地による周辺大気の気温低下効果を夏季の冷房に要する電気料金の節減額により、年21億円。
②地下水涵養機能として、地下水と上下水道との利用額の差額により年0・7億円と評価しています。
③災害時の避難場所等の機能として、オープンスペースの最低限の草刈りなどの維持管理費で代替法により年137・8億円。
④洪水防止機能として、農地の大雨時における貯水能力を治水施設（地下調整池）の年間維持管理費等により年170億円。
⑤レクリエーション機能として、市民農園等で農業を体験するための年間経費で10億円。
⑥健康増進機能として、市民農園で農作業を行なうことで生活習慣病予防に足りない歩数が達成されると仮定し、このことによる医療費の削減額を年22・7億円。
⑦参考として食料安全保障機能も評価がされています。

総額は年間362億円を超えるものになります。

3 東京における都市農地の貢献
――多面的機能に対する「評価」

(1) 緑地としての評価

過去においては、都市計画のなかで農地は緑地として明確に位置づけられていませんでしたが、2017年6月の都市緑地法の一部改正において、緑地に農地を含むことが明記されました。緑地はみどり率として緑のマスタープランの目標値を策定することになっています。この緑地のなかに農地が位置づけられたことから、農地の確保も含めた目標となり、生産緑地の存在意義はさらに大きいものとなりました。

保全する緑地の維持のためには、財政支援を必要とします。その確保のためには、国や地方自治体が公園用地を買収する必要があります。ならば、都市農業経営に本格的な農業者の「生産している農地」に対し、都市公園の建設費や維持費に相当する金額を緑地奨励金（公共用役としての緑地評価）として補給する施策が講じられてもよいのではないでしょうか（仮称：環境緑地直接支払い制度）。

その裏付けとして、市民及び地方自治体から、「農地は市民生活や、都市計画にとって不可欠である」という理解と協力を得られることが必須です。

(2) 住環境維持評価——環境保全機能

快適な日常生活を確保するためには、太陽の光が注ぎ、風が通るという、ごく当たり前の環境がほしいものです。最近は都内の真夏の気温が35℃を超え真夏日がごく当たり前になっています。

農地が持つヒートアイランド現象緩和機能、日照の確保機能、通風の道確保機能といったものを通して普通の生活を送ることができる役割は重要です。

(3) 景観形成評価——癒やし機能

東武東上線の和光市駅は今から30年ほど前の1987年頃には、特産のニンジン畑が広がり、駅のホームから見えていました。そんな光景に電車を待つつかの間、ホッとして安らぎを感じたものでした。それから30年が経ち、ホームから畑はまったく見えなくなりました。このようなことは、東京はいうに及ばず近隣県の駅のホームも同様でしょう。

畑や田んぼのある農的風景は、大事な「癒やし空間享受維持機能」を持っているのです。

(4) 防災スペース評価——いっとき避難、食料提供

近年の集中豪雨や台風による降雨は、日常生活を容赦しないほど痛めつけています。天災はいつ起きるかわからない、予測がつかないものです。このような状況において、都市農地は、オープンスペースとしてのいっとき避難場所になったり、貯水池的働きや火災の延焼を防ぐ緩衝帯であったり、様々な機能を持っています。

東京都における自治体とJA等との災害時の協定は、1995（平成7）年11月1日に、板橋区と板橋農業協同組合による「応急対策に関する協定」が締結されたことがはじまりです。主な内容は緊急避難場所と生鮮食料品の提供です。

農林水産省の資料から２０１６（平成28）年３月31日現在の三大都市圏の特定市における防災協力農地等の取り組み状況をみると、全国61自治体で、そのうち東京都では30の自治体で取り組まれています。

温室での避難訓練としては、葛飾区の生産農家の温室を使って、段ボールを敷いてその上で一晩宿泊体験を行なった企画が全国ではじめて実施されました。

農家の庭には井戸や外トイレがあり、一般的に大釜、かまど、薪など防災グッズに相当する資材を所有している農家は多くあります。都市農地は、いっときの避難場所としては申し分のない空間であり、ルールを整備して市民に開放することは一考に値するのではないかと考えます。

(5) 教育評価

――食料生産・生物教育、食教育

地元の農業と学校との結びつきも大切です。まず、給食食材の地元産農産物の利用があげられます。２００５（平成17）年７月に施行された食育基本法に基づく基本計画により、地元産農産物の利用率目標が策定されたのを契機に、両者の結びつきが深まりました。

日野市では、基本法施行以前より学校給食の地元産野菜利用に取り組んでいます。１９８３年に市内２校からスタートし、２００５年には日野産野菜学校給食コーディネーター制度を設けて体制を強化し、現在は小学校17校・中学校８校、計25校で地元産農産物が使用されています。

かつて、納入している農業者は「孫が食べるのだから、オレがつくったうちで一番いい野菜を納めるのだ」と話していました。この気持ちが日野市の農家と学校給食とを結んでいる糸であると思います。

体験学習も重要です。小平市は小平市学童農園事業実施要綱により、市内の全小学校の19校に学童農園を設置しています。多摩市では、１９９３年度より児童館と多摩市農業委員会が市内４ヵ所の畑で、子供とその家族が年間を通し農業委員の教えを受けて、さつま芋や落花生などを中心に苗の作付けから収穫までの一連の作業を行なう、農作業体験を行なっています。収穫日には、採れたての野菜を使った料理で交流会が開かれます。子供たちが農業に関心を持ち、住んでいる地域に愛着を抱き、日々の食を大切にする心や情緒を育む効果が期待されます。

中学校のキャリア教育の一環で、農業の現場を体験する職場体験も行なわれています。清瀬市では、農業委員会が農業団体や農業者との仲立ちをして、積極的に職場体験を受け入れています。特に清瀬市立第五中学校では、40戸ほどの農家が受入れ先となり、特産のホウレンソウの結束を体験するのをはじめ、植木、酪農、花き農家などに分かれ、１００人を超える2年生全員が３日間の農業職場体験を行ないます。

最近では、特別支援学級の生徒の農業体験も行なわれています。

(6) 福祉評価

２０００年に東京都農業会議が実施した「農業経営における障がい者受入れに関する調査」結果によると、ある一定の障がい者が農業従事者として、あるいはリハビリの一環として農業に携わっていることがわかりました。

また、最近では、都内の市街化調整区域において、福祉事業を行なうＮＰＯ法人や株式会社などが農業参入をしています。

(7) 健康評価

農業には緑を感じたり、風の音を聴いたり、味わったり、土の香をかいだり、いわゆる五感（脳・目・耳・口・鼻）を育てる働きがあります。

(8) 地域文化形成評価——地域歴史・文化継承、コミュニケーション機能

現在伝承されている日本の文化の起源は、ほとんどが農村・農家に関係があるといっても過言ではありません。農業者は、食べるもの、言葉やことわざ、四季折々の農作業と結びついたムラや集落の行事、歳時記などを日常生活のなかでごく普通に伝承してきました。それはときが経過しても、脈々と受け継がれてきています。

現存する都内の様々な行事も、まさに「農村文化」が発祥となっているものが多いのではないでしょうか。

農家の人との会話のなかには、その家として作付けしてはいけない言い伝えのある野菜や、あまり食べてはいけないとされる農産物ができます。日頃、農業者が何げなく、普通に使っている言葉やことわざのなかには、辞典にも載っていないような貴重なものがあります。

近年、評価が高い農業体験農園のコミュニケーション機能は、そういった農業者の言葉や生きざまが隠し味となって、ひと味も違う楽しみとなり、利用者どうしの交流にもつながっているのではないでしょうか。

コラム

社会貢献型〝農地経営〟の確立に向けて

都市防災の最後の砦
都市農地を活かす

東 正則（元 工学院大学教授）

2016年の生産緑地法の新たな改正を契機として、関連法令の整備も整ってきたように思われるので、これに対応した都市農地の活用を、都市防災に力点を置いて考えてみたい。

このコラムは本書のなかでは、いささか場違いと感じられるかもしれないが、筆者の視点を明確にしておきたい。そのほうが筆者の主張に対する判断が明確になるであろう。よろしくご批判を賜りたい。

1．対象都市域

都市農業の存在意義を問題にするのは、巨大・過密・都市施設未整備都市であり、都市農地が残存している市街化区域を対象とする。（例えば東京23区）

2．視点

・都市近郊農業発展型ではなく「都市にあるべき農業」への転換を

これまでは都市農業といいつつ、実態は近郊農業の発展型の農業提案が多く、市街化区域のあるべき農業への転換が実現されなかった。

市街化区域にある農業として発想を転換して、市民のための農業・農地、市民に理解してもらえるような農業・農地の方向性への展開が大きくみられない。
・都市農業問題を農業問題ではなく、「都市問題」として考える
市街化区域に存する以上は、都市的存在として評価すべきであり、たとえ生鮮食料でも食料供給を目的とするならば、市街化区域に存する必然性はなく、他の地域でもよいのではないか。都市的な新しい農業的存在を論ずる時代なのである。
・農「業」保全から農「地」保全への転換
今、都市で喫緊の課題として求められているのは、オープンスペースの確保であり、市街化区域の農業の保全ではない。「農地」の確保で、都市農地の「空地性」が確保できることが重要なのである。都市「農地」の多面的機能が重要なのであり、これは代替不可能な機能である。
・「生産緑地」の誤解の解消
本書で焦点としている都市農業の多くは生産緑地で行なわれているが、これは「生産緑地地区」に存在しており、都市計画で都市の必要性から指定している「都市の施設」内の農業である。生産緑地は現状では、ほぼ農家の意向に沿って指定されていると思うが、あくまでも都市的必要性で指定されているもので、これに添う利用が求められる。
・「都市的資源」の延命策への転換
これまで都市農業について各種の施策が講じられてきたが、農業という産業維持政策であり、もっと積極的に都市的資源として保全活用する施策に転換する必要があるのではないか。
・「社会貢献型農地経営」の確保への転換
しかし何といっても、ここまで都市農地が存続できたのは、生産緑地にかかわる諸施策があったとしても、農家の努力によるところが大きい。

この結果、農家の個人的な範囲での努力に委ねてしまい、都市農地の市民的な利用についての積極的な支援、市民の生命財産にかかわる都市農地の存在意義が看過され、今日、最も求められている都市農地の役割が主張できず、その支援施策もなされなかった。

3. 生産緑地法の新たな改正等に伴う施策整備の意味と活用

・都市農地を市民的存在へ

自治体が農家からの生産緑地の買取請求にも十分に応えられない状況の中で、生産緑地が減少している。この状況を改善すべく、農家の相続人の有無にかかわらずに生産緑地を相続できるようにし、かつまた市民の関与による農地の維持が図られるようにすべきではないか。これは都市農地保全の社会的要請に応えて、積極的に市民等の協力を得て、都市農地を社会的に保全しようとするものと理解すべきである。

・社会的貢献に対する財産権の保障と支援

都市農地の希少時代に備えなければならない。都市農地の社会的貢献に対して、農家の個人財産を保障することを前提に、市民参加型の農業・農地利用の「社会貢献型の〝農地経営〟の確立」を支援すべきである。農家は農業経営者から農地経営者にかわり、個人的存在から社会的存在にかわるのである。

・都市防災の最後の砦としての都市農地の保全活用

重大災害時に市民の最も大事な生命財産の保全を担いうる都市の空地は、都市農地に依存せざるを得ない。これに応える都市農地を「市民と共同」で「重点的に保全」できるようにすべきである。

・市民的利用を妨げる動きへの回避

都市農地貸借円滑化法を活用した事業者等による営利を目的とした都市農地の活用については、市民のために開かれた都市農地の喪失につながらないよう回避をすべきである。

参考文献：『農業のある都市を目指して―新しい都市計画への問いかけ―』（東正則著、農林統計出版、2018年）

第5章

相続のシミュレーション

1　規模の大きな宅地の評価は補正される

最後に、改正された農地制度に沿って、相続税や固定資産税がどうなるか、具体的にみてみましょう。

まず、農地の相続税や固定資産税を試算する前提として、ほとんど農地は「広大地評価」または「地積規模の大きな宅地の評価」の対象となるということを考慮に入れる必要があります。

というのも、農地は、耕作の用に供するため、標準的な宅地面積と比べて地積規模が大きいからです。特に、農地が生産緑地地区に指定されるためには、面積が一団で５００m^{2}または３００m^{2}以上であることが要件ですので、農地の評価においては、「広大地評価」または「地積規模の大きな宅地の評価」の検討が不可欠となります。

「地積規模の大きな宅地」の評価は、２０１７（平成29）年12月31日までの「広大地評価」が改正されたもので、２０１８（平成30）年１月１日以降の相続における評価に適用されます。

(1) 改正前の広大地評価

広大地とは、マンションや大規模工場に適した宅地を除き、①その地域における標準的な宅地の地積に比して著しく地積が広大な宅地で、②都市計画法第４条第12項に規定する開発行為を行なうとした場合に公共公益的施設用地の負担が必要と認められるものとされています。

広大地に該当すると、広大地の面する路線の路線価に対し、広大地補正率を乗じた価格を基礎に広大地の価額を算出することとなります。

その広大地補正率は、〈広大地補正率＝０・６－０・05×広大地の地積÷１０００m^2〉で算出します。

例えば、広大地の地積が１０００m^{2}である場合、広大地補正率は０・55となります。広大地補正率が０・55ということは、広大地の面する路線の路線価から45％評価額を抑えた55％で評価することを意味します。

仮に、当該広大地の面する路線の路線価が20万円だとすると、20万円×１０００m^2＝２億円の55％の１億

1000万円の評価額となり、広大地に該当しない場合と比べて評価額は9000万円低くなります。

(2) 広大地評価改正の背景

例えば相続する農家の宅地面積が500～5000m²のとき、広大地に該当しない場合に比べて評価額が42・5%～65%下がることから、相続宅地が広大地に該当するか否かが大きな論点になっていました。広大地に該当するか否かは、開発行為を行なおうとした場合に公共公益的負担を要するかといった、必ずしも明確とはいえない要件があることから、税務当局と納税者との間での見解が相違することもありました。

この適用要件を明確にするために、形式的な基準で判断しようということが広大地評価を「地積規模の大きな宅地」の評価に改正した背景となっています。

また、減額割合が実態と大きく乖離することがあった広大地評価の減額割合を縮小するために「地積規模の大きな宅地」の評価が改正されました。

(3)「地積規模の大きな宅地」では評価額の減額割合が縮小

「地積規模の大きな宅地」とは、三大都市圏においては500m²以上の地積の宅地、三大都市圏以外の地域においては1000m²以上の地積の宅地を指します。ただし、次の4点のいずれかに該当するものは除かれます。

・市街化調整区域に所在する宅地
・工業専用地域に所在する宅地
・指定容積率が400%(東京都23区においては300%)以上の地域に所在する宅地
・大規模工場用地

「地積規模の大きな宅地の評価」の対象となる宅地は、路線価に、奥行価格補正率やその他の画地補正率、規模格差補正率を乗じて求めた価額に、その宅地の地積を乗じて計算した価額によって評価します。

「地積規模の大きな宅地の評価」に関し、評価額の算定式、規模格差補正率、規模格差補正率の範囲を整理したものが表5―1「資料:地積規模の大きな宅地の

表5－1　地積規模の大きな宅地の評価

評価額
　＝路線価×奥行価格補正率×その他の画地補正率×規模格差補正率×地積（m^2）

$$規模格差補正率 = \frac{A \times B + C}{地積規模の大きな宅地の地積（A）} \times 0.8$$

※小数点以下第2位未満は切り捨てる

規模格差補正率計算におけるB及びC

地積	三大都市圏		三大都市圏以外	
	B	C	B	C
500m^2以上1000m^2未満	0.95	25		
1000m^2以上3000m^2未満	0.90	75	0.90	100
3000m^2以上5000m^2未満	0.85	225	0.85	250
5000m^2以上	0.80	475	0.80	500

規模格差補正率の範囲

地積	三大都市圏（%）	三大都市圏以外（%）
500m^2以上1000m^2未満	78～80	
1000m^2以上3000m^2未満	74～78	74～80
3000m^2以上5000m^2未満	71～74	72～74
5000m^2以上	64～71	64～72

◇参考：広大地の評価
　広大地の価額＝広大地の面する路線の路線価×広大地補正率×地積（m^2）

$$広大地補正率 = 0.6 - 0.05 \times \frac{広大地の地積}{1000m^2}$$

※広大地の地積の上限は5000m^2

評価」です。

規模格差補正率の範囲を見ると改正前の広大地補正率が35～57・5％の範囲になるのと比較して、減額割合が縮小していることがわかります。

すなわち、広大地評価から「地積規模の大きな宅地の評価」へと改正されたことで都市農業経営者の相続税負担は増加したといえます。もっとも、相続税納税猶予制度を活用すれば相続税の納税を猶予することは可能ですし、都市農地貸借円滑化法によって納税猶予期限の確定事由に該当しない都市農地の貸借の途もひらけています。

(4) 生産緑地下限面積３００㎡との関係

「地積規模の大きな宅地」は、三大都市圏であれば５００㎡が基準となります。一方、２０１８年改正生産緑地法は、生産緑地の基準面積が５００㎡であったところ、条例によって３００㎡まで緩和することを許容しています。

従来の生産緑地下限面積であれば広大地評価の適用を検討する上で面積が問題となることは少なかったのですが、今後５００㎡未満の生産緑地も出てくることになります。５００㎡未満の生産緑地については、「地積規模の大きな宅地」には該当せず、１㎡当たりの評価額が20％以上大きくなります。

■生産緑地の評価

生産緑地の価額は、当該農地が生産緑地でない土地とした場合の評価額から、その価額に買取申出をすることができることとなるまでの期間に応じて定められた割合を乗じて算出した金額を控除した金額により評価します。

買取申出をすることができることとなるまでの期間に応じて定められた割合は、次のようになっています。
・５年以下のもの……１００分の10
・５年超10年以下のもの……１００分の15
・10年超15年以下のもの……１００分の20
・15年超20年以下のもの……１００分の25
・20年超25年以下のもの……１００分の30
・25年超30年以下のもの……１００分の35

2 シミュレーションの具体例

それでは、三大都市圏を想定した都市農業経営者が相続した場合の相続税負担額がどのようなものになるか、具体例を基にシミュレーションしてみましょう。都市農業経営者は、アパートや駐車場の賃貸といった不動産収入を得ているケースが少なくありません。そこで事例として、生産緑地を保有し、アパート経営を行なっている次のような兼業農家を想定しました（表5－2参照）。

■家族構成及び土地、財産内容

〔被相続人＝故人〕

・A（90歳　男）

〔相続人〕

・B（Aの長男　65歳）

・C（Aの二男　62歳）

〔相続財産〕

・畑（生産緑地　２０００m²）

・畑（市街化調整区域　３０００m²）

・宅地（自宅敷地　３００m²）

・宅地（貸家建付地　４００m²）

・家屋（自宅）　３００万円（固定資産評価額）

・家屋（アパート）　８００万円（固定資産評価額）

・預貯金　２０００万円

・みなし相続財産（死亡保険金等）　１６００万円

■宅地の評価　小規模宅地特例の適用

アパートの敷地については、一定の要件の下で貸付事業用宅地として小規模宅地等の特例により限度面積２００m²までの評価額を50％減額することができます。また、自宅敷地は、一定の要件の下で特定居住用宅地として限度面積３３０m²までの評価額を80％減額することができます。

特定居住用宅地と貸付事業用宅地による小規模宅地特例を併用する場合には限度面積に沿って調整する必要があります。この例では、減額割合の大きい特定居住用宅地を優先して適用し、残りを貸付事業用宅地に割り付けると、貸付事業用宅地のうち小規模宅地特例

表5－2　相続税のシミュレーション

〔パターン1：相続税納税猶予制度を活用しない場合〕

財産の種類	単価（円）	地積（m^2）		評価額（円）
畑（生産緑地）	300,000	2,000	600,000,000	
地積規模の大きな宅地の評価による影響			▲150,000,000	
生産緑地の評価による影響			▲45,000,000	405,000,000
畑（市街化調整区域）	150,000	3,000	450,000,000	
市街地周辺農地の評価による影響			▲90,000,000	360,000,000
宅地（自宅敷地）	300,000	300	90,000,000	
小規模宅地特例による影響			▲72,000,000	18,000,000
宅地（貸家建付地）	300,000	400	120,000,000	
小規模宅地特例による影響			▲2,727,273	117,272,727
家屋（自宅）				3,000,000
家屋（アパート）				8,000,000
預貯金				20,000,000
死亡保険金（非課税分除外後）			16,000,000	
非課税			▲10,000,000	6,000,000
				937,272,727
			課税価格	937,272,000
			遺産に係る基礎控除額	▲42,000,000
			相続税の総額	363,636,000

〔パターン2：相続税納税猶予制度を活用した場合〕

財産の種類	単価（円）	地積（m^2）		評価額（円）
畑（生産緑地）	840	2,000		1,680,000
畑（市街化調整区域）	840	3,000		2,520,000
宅地（自宅敷地）	300,000	300	90,000,000	
小規模宅地特例による影響			▲72,000,000	18,000,000
宅地（貸家建付地）	300,000	400	120,000,000	
小規模宅地特例による影響			▲2,727,273	117,272,727
家屋（自宅）				3,000,000
家屋（アパート）				8,000,000
預貯金				20,000,000
死亡保険金（非課税分除外後）			16,000,000	
非課税			▲10,000,000	6,000,000
				17,6472,727
			農地を農業投資価格で評価することを前提とした課税価格	17,6472,000
			遺産に係る基礎控除額	▲42,000,000
			農地を農業投資価格で評価することを前提とした相続税の総額	26,341,500
			農地等納税猶予税額	337,294,500

を適用できるのは18・18㎡となります。

■畑（生産緑地）の評価

畑（生産緑地　２０００㎡）は、市街化区域内にあって５００㎡以上の面積に該当しますから、その評価額は消極要件に該当しなければ「地積規模の大きな宅地」として、路線評価額に規模格差補正率を乗じた金額となります。この事例では規模格差補正率は、０・75であり、25％の評価減が可能です。

また、生産緑地ですから、買取申出ができるまでの期間に応じてさらに評価額を減額することができます。その買取申出をすることができるまでの期間が5年以下の場合は、評価額を10％減額することができます。

■畑（市街化調整区域　３０００㎡）の評価

畑（市街化調整区域）は、市街化調整区域にあることから、原則として「地積規模の大きな宅地」の評価を受けることはできません。

もっとも、市街化周辺農地として、その農地が市街地農地であった場合の80％に相当する金額で評価することができます。

■死亡保険金の扱い

被相続人の死亡を原因として相続人が直接受け取る保険金は、相続人固有の財産であり、厳密には相続財産ではありません。しかしながら、被相続人が保険料を負担した場合の死亡保険金は実質的には被相続人の財産であり、死亡保険金を多額にかけた課税遺産逃れを回避するために、死亡保険金はみなし相続財産として取り扱われます。

もっとも、死亡保険金は相続人の生活保障的意味合いで活用されることもありますから、受け取った死亡保険金の全額に課税するわけではなく、相続人の人数に５００万円を乗じた金額の非課税枠が設けられています。本件では１０００万円までの受取保険金は非課税となります。

〔パターン１：相続税納税猶予制度を未活用〕

このケースでは、課税価格は9億３７２７万２０００円となります。

法定相続人が２人ですから基礎控除額４２００万円

を控除し、相続税の総額を計算すると3億6363万6000円となります。

自宅やアパートの土地・建物と預貯金すべての評価額（小規模宅地特例適用前）を合計しても2億4100万円にしかならず、相続税の総額をまかなうことができません。そのため、農地の一部を処分しなければならず農地の減少を招くことになります。

〔パターン2：相続税納税猶予制度を活用〕

農地について農業投資価格84万円（東京都内の畑10a当たり　1m²当たり、840円）を前提に課税価格を計算すると1億7647万2000円となります。

法定相続人2人の基礎控除額4200万円を控除し、相続税の総額を計算すると2634万1500円となります。パターン1の相続税総額3億6363万6000円との差額に相当する3億3729万4500円が農地等納税猶予税額となります。

相続税総額が2634万1500円であれば、預貯金2000万0000円と受取死亡保険金1600万0000円の範囲でまかなうことができるため、農地だけでなく自宅やアパートといった不動産も処分せずにすむことになります。

3　都市農地の固定資産税はどうなる

固定資産税は、1月1日現在の固定資産所有者が納税義務者となり、所有固定資産の所在する市町村（東京23区においては東京都）から課税される税金です。固定資産の評価額に税率1・4%を乗じて計算します。

また、固定資産税と同様の仕組みで固定資産の評価額に対し税率（東京都23区では0・3%）を乗じて都市計画税が課税されます。ここでは、固定資産税にしぼって説明することにします。

(1) 農地評価・農地課税と宅地評価・宅地課税

農地の固定資産税は、市街化区域農地かそれ以外の一般農地かによって評価や課税の取扱いが異なります。

市街化調整区域農地を含む一般農地は、農地の売買実例価格を基に評価（農地評価）され、一般農地の負担調整措置を講じた上で課税されます（農地課税）。

一方、市街化区域農地は、道路状況など宅地として

表5－3　農地分類と固定資産税

農地分類		評価	課税	税額例
市街化区域農地	特定市街化区域農地	宅地並評価	宅地並課税	数十万円/a
	一般市街化区域農地	宅地並評価	準農地課税	数万円/a
	生産緑地指定農地	農地評価	農地課税	数千円/a
その他の一般農地		農地評価	農地課税	千円/a

利用する場合の利便性が類似する宅地の価額を基準とした価額から、農地を宅地に転用する場合に必要と認められる造成費相当額を控除して評価されます（宅地並み評価）。

そのうえで、三大都市圏の特定市の市街化区域農地（特定市街化区域農地）は、宅地の負担調整措置が適用されます（宅地並み課税）。それ以外の一般市街化区域農地では、一般農地の負担調整措置が適用されるため、宅地並み評価を前提とするものの農地に準じた課税となります。

もっとも、市街化区域農地であっても、生産緑地地区の農地は、生産緑地法により転用制限がされているため評価及び課税は一般農地と同様の取扱いとなっています（農地評価・農地課税）。

評価や課税、そして税額の例を整理したものが表5－3「農地分類と固定資産税」です。都市農地は、生産緑地か否かによって固定資産税額が大きく変わることがわかります。

(2) 課税は現況に沿って行なわれる

土地に課される固定資産税は、課税地目ごとに計算されます。そして、土地の課税地目は、登記簿上の地目ではなく、現況によって行なわれます。

したがって都市農地で管理を怠っている場合に、田や畑の現況が雑種地と認定されることがあります。雑種地として固定資産税が課されると税負担額が増加してしまいます。そのため、不利な現況地目認定をされないように適正な土地管理をすることが重要です。

所有者自身が農地を管理できない場合には、意欲的な農業者へ貸付を行ない、都市農地を農地として管理するということも都市農地貸借円滑化法の想定するところです。

(3) 特定生産緑地と固定資産税

生産緑地は、生産緑地地区の都市計画の告示日から30年経過する日までに特定生産緑地指定の申請をしなければ、以後特定生産緑地の指定を受けることができなくなります。

固定資産税については、申出基準日までに特定生産緑地として指定されなかったもの、特定生産緑地の指定の期限が延長されなかったもの、特定生産緑地の指定が解除されたものについては、三大都市圏特定市では、宅地並み評価・宅地並み課税が適用されることになります。

しかし、いきなり固定資産税負担が急増することによって、急速な宅地化ひいては農地の減少といった弊害が想定されることから激変緩和措置がとられています。激変緩和措置は、固定資産税の課税標準額に対し、初年度：0・2、2年目：0・4、3年目：0・6、4年目：0・8の軽減率を乗じる措置です。これによって5年間で段階的に宅地並み評価・宅地並み課税の固定資産税まで上昇させることにし、急激な税負担の増加を防ぐ配慮がなされているのです。

このような激変緩和措置がとられてはいるものの、5年間で宅地と同水準の固定資産税まで負担が増加するわけですから、特定生産緑地の指定を受けない場合には、5年内に宅地転用が進むことが想定されます。

あとがき

都市農地の制度は、様々な法律がからみ合い、複雑です。

編著者一同、読者の皆さまに制度や都市農業の道のりをきちんと伝えるということを、常に頭におきながら作成してきたものの、この本を手に取っていただいた読者の方のなかには、少し難しいと感じた方もおられるかもしれません。

それは都市農業者にとっては、なおさらのことかもしれません。

都市のなかで農業を続けてはいけないのか、時代の流れとともに翻弄されてきた貴重な農地を、これからも残していくにはどうすればよいのか——。

そしてまた、２０２２年問題が迫っています。

２０１７年６月に、都市緑地法の一部改正が施行され、都市のなかに農地はあるべき緑として位置づけられました。今後の社会を見据え、都市の多様性を認め、皆で考える時期を迎えているのではないでしょうか。

そして、何よりも２０２２年以降も、街に多くの農地が残ることを願ってやみません。

最後に、本書を読み進めていただきましたことに感謝申し上げますとともに、本書が都市の農地や農業を考えるきっかけとなってくれれば幸いです。

２０１９年11月

編著者一同

編著者・執筆者と執筆分担

編著者

北沢俊春（きたざわ・としはる）

一般社団法人 東京都農業会議　元 事務局長

《まえがき・第１章・第３章 第1〜3節・第４章 執筆》

本木賢太郎（もとき・けんたろう）

弁護士・税理士・公認会計士

《第５章 執筆》

松澤龍人（まつざわ・りゅうと）

一般社団法人 東京都農業会議　業務部長

《第２章・第３章 第４節 執筆》

執筆者

後藤光藏（ごとう・みつぞう）

武蔵大学名誉教授

《第１章 コラム 執筆》

川名　桂（かわな・けい）

新規就農者・東京都日野市

《第２章 コラム 執筆》

東　正則（あずま・まさのり）

元 工学院大学教授

《第４章 コラム 執筆》

これで守れる 都市農業・農地

生産緑地と相続税猶予制度変更のポイント

2019年 11月10日　第1刷発行

編著者　北沢俊春
本木賢太郎
松澤龍人

発行所　一般社団法人　農山漁村文化協会
〒107-8668　東京都港区赤坂7丁目6-1
電話　03(3585)1142(営業)　03(3585)1145(編集)
FAX　03(3585)3668　振替　00120-3-144478
URL　http://www.ruralnet.or.jp/

ISBN978-4-540-18155-9　DTP製作/(株)農文協プロダクション
〈検印廃止〉　印刷/(株)光陽メディア

製本/根本製本(株)
Printed in Japan　定価はカバーに表示
乱丁・落丁本はお取り替えいたします。